风力发电职业技能鉴定教材

风力发电机组维修保养工——高级

《风力发电职业技能鉴定教材》编写委员会　组织编写

知识产权出版社

全国百佳图书出版单位

图书在版编目（CIP）数据

风力发电机组维修保养工：高级／《风力发电职业技能鉴定教材》编写委员会组织编写.
—北京：知识产权出版社，2016.11

风力发电职业技能鉴定教材

ISBN 978-7-5130-4532-2

Ⅰ．①风… Ⅱ．①风… Ⅲ．①风力发电机—发电机组—维修—职业技能—鉴定—教材
Ⅳ．① TM315

中国版本图书馆 CIP 数据核字（2016）第 251069 号

内容提要

本书在介绍风力发电机组机械和电气原理的基础上，系统地阐述了风力发电机组的维修和保养技术。机械系统包括轮毂系统、叶片系统、机舱系统；电气系统包括变流系统、变桨系统、主控系统和安全保护系统。

本书的特点是遵循国际和国家标准，结合相关风机制造商、风电现场的经验，采用现代技术和方法，坚持理论和实际相结合，体现风力发电机组维修和保养的系统性和完整性。

本书可作为风力发电机组维修保养工培训教材使用，也可提供相关科研和工程技术人员参考。

策划编辑：刘晓庆

责任编辑：刘晓庆　于晓菲　　　　　　　　　　　　　**责任出版**：刘译文

风力发电职业技能鉴定教材

风力发电机组维修保养工——高级

FENGLI FADIAN JIZU WEIXIU BAOYANGGONG——GAOJI

《风力发电职业技能鉴定教材》编写委员会　组织编写

出版发行：知识产权出版社 有限责任公司	网　　址：http://www.ipph.cn
电　话：010-82004826	http://www.laichushu.com
社　　址：北京市海淀区西外太平庄 55 号	邮　　编：100081
责编电话：010-82000860 转 8363	责编邮箱：yuxiaofei@cnipr.com
发行电话：010-82000860 转 8101/8029	发行传真：010-82000893/83003279
印　　刷：北京中献拓方科技发展有限公司	经　　销：各大网上书店、新华书店及相关专业书店
开　　本：787mm×1000mm　1/16	印　　张：18
版　　次：2016 年 11 月第 1 版	印　　次：2016 年 11 月第 1 次印刷
字　　数：300 千字	定　　价：48.00 元

ISBN 978-7-5130-4532-2

《风力发电职业技能鉴定教材》编写委员会

委员会名单

主 任　武 钢

副主任　郭振岩　方晓燕　李 飞　卢琛钰

委 员　郭丽平　果 岩　庄建新　宁巧珍　王 瑞

　　　　潘振云　王 旭　乔 鑫　李永生　于晓飞

　　　　王大伟　孙 伟　程 伟　范瑞建　肖明明

本书编写委员　肖明明　程 伟

序　言

近年来，我国风力发电产业发展迅速。自 2010 年年底至今，风力发电总装机容量连续 5 年位居世界第一，风力发电机组关键技术日趋成熟，风力发电整机制造企业已基本掌握兆瓦级风力发电机组关键技术，形成了覆盖风力发电场勘测、设计、施工、安装、运行、维护、管理，以及风力发电机组研发、制造等方面的全产业链条。目前，风力发电机组研发专业人员、高级管理人员、制造专业人员和高级技工等人才储备不足，尚未能满足我国风力发电产业发展的需求。

对此，中国电器工业协会委托下属风力发电电器设备分会开展了技术创新、质量提升、标准研究、职业培训等方面的工作。其中，对于风力发电机组制造工专业人员的培养和鉴定方面，开展了如下工作。

2012 年 8 月起，中国电器工业协会风力发电电器设备分会组织开展风力发电机组制造工领域职业标准、考评大纲、试题库和培训教材等方面的编写工作。

2012 年年底，中国电器工业协会风力发电电器设备分会组织风力发电行业相关专家，研究并提出了"风力发电机组电气装调工""风力发电机组机械装调工""风力发电机组维修保养工""风力发电机组叶片成型工"共四个风力发电机组制造工职业工种需求，并将其纳入《中华人民共和国职业分类大典（2015 版）》。

2014 年 12 月初，由中国电器工业协会风力发电电器设备分会与金风大学联合承办了"机械行业职业技能鉴定风力发电北京点"，双方联合牵头开展了风力发电机组制造工相关国家职业技能标准的编写工作，并依据标准，组织了本套教材的编写。

希望本教材的出版,能够帮助风力发电制造企业、大专院校等,在培养风力发电机组制造工方面,提供一定的帮助和指导。

中国电器工业协会

前　言

　　为促进风力发电行业职业技能鉴定点的规范化运作，推动风力发电行业职业培训与职业技能鉴定工作的有效开展，大力培养更多的专业风力发电人才，中国电器工业协会风力发电电器设备分会与金风大学在合作筹建风力发电行业职业技能鉴定点的基础上，共同组织完成了风力发电机组维修保养工、风力发电机组电器装调工和风力发电机组机械装调工，三个工种不同级别的风力发电行业职业技能鉴定系列培训教材的编写工作。

　　本套教材是以"以职业活动为导向，以职业技能为核心"为指导思想，突出职业培训特色，以鉴定人员能够"易懂、易学、易用"为基本原则，力求通俗易懂、理论联系实际，体现了实用性和可操作性。在结构上，教材针对风力发电行业三个特有职业领域，分为初级、中级和高级三个级别，按照模块化的方式进行编写。《风力发电机组维修保养工》涵盖风力发电机组维修保养中各种维修工具的辨识、使用方法、风机零部件结构、运行原理、故障检查，故障维修，以及安全事项等内容。《风力发电机组电气装调工》涵盖风力发电机电器装配工具辨识、工具使用方法、偏航变桨系统装配、冷却控制系统装配，以及装配注意事项和安全等内容。《风力发电机组机械装调工》涵盖风力发电机组各机械结构部件的辨识与装配，如机舱、轮毂、变桨系统、传动链、联轴器、制动器、液压站、齿轮箱等部件。每本教材的编写涵盖了风力发电行业相关职业标准的基本要求，各职业技能部分的章对应该职业标准中的"职业功能"，节对应标准中的"工作内容"，节中阐述的内容对应标准中的"技能要求"和"相关知识"。本套教材既注重理论又充分联系实际,应用了大量真实的操作图片及操作流程案例,方便读者直观学习,快速辨识各个部件,掌握风机相关工种的操作流程及操作方法,解决实际工作中的问题。本套教材可作为风力发电行业相关从业人员参加等级培训、职业技能鉴定使用,也可作为有关技术人员自学的参考用书。

本套教材的编写得到了风力发电行业骨干企业金风科技的大力支持。金风科技内部各相关岗位技术专家承担了整体教材的编写工作,金风科技相关技术专家对全书进行了审阅。中国电器协会风力发电电器设备分会的专家对全书组织了集中审稿,并提供了大量的帮助,知识产权出版社策划编辑对书籍编写、组稿给予了极大的支持。借此一隅,向所有为本书的编写、审核、编辑、出版提供帮助与支持的工作人员表示感谢!

《风力发电机组维修保养工——高级》系本套教材之一。第一章、第二章、第三章由程伟编写,第四章至第九章由肖明明编写。

由于时间仓促,编写过程中难免有疏漏和不足之处,欢迎广大读者和专家提出宝贵意见和建议。

《风力发电职业技能鉴定教材》编写委员会

目　录

第一章　轮毂保养维修

学习目的：

1. 能够编制并修订轮毂维护保养记录卡。

2. 了解风机运行时风轮内部异常噪音的来源。

3. 掌握变桨小齿轮与变桨承轴内齿圈啮合间隙的调整方法。

4. 掌握减速箱小齿轮、变桨轴承内齿表面点蚀、塑性变形和腐蚀等缺陷的处理方法。

5. 熟悉变桨轴承密封条类型并掌握其更换方法。

6. 掌握变桨传动链的检查方法。

7. 熟悉变桨控制柜并掌握变桨电机、变桨减速器的更换方法。

8. 掌握变桨电机电磁刹车的调整方法。

第一节　维护保养卡的编制

风力机维护的好坏直接影响发电量的多少和经济效益的高低。风力机本身性能的好坏，也要通过维护检修来保持。及时而有效的维护工作可以帮助发现故障隐患，减少故障的发生，提高风机效率。对风电场设备在运行中发生的情况进行详细的统计分析，是风电场管理的一项重要内容。通过对运行数据进行统计分析，可对运行维护工作进行考核量化。

一、轮毂维护保养记录卡的编制

设备维护是针对经常性或定期实施的重要设备零部件更换或修理项目而制定的作业标准。

（一）设备维护作业标准的编制内容

通过规定作业名称、作业方法、作业顺序、技术要点、作业环境危险源辨识、安全措施、使用工器具，并用图表辅助表示，以确保检修项目在质量、安全无事故的前提下按进度完成。

（二）编制设备维护作业标准的目的

编辑设备维护作业标准是规范维护管理、提高维护作业质量精度、缩短维护作业时间、防止维护作业事故的有效作业指导文件。

掌握维护项目应投入人力、实施时间、实施方法、实施步骤，掌握维护项目关键步骤的技术要点，有效地掌控维护项目的施工节点，既要有重点、又不要遗漏施工步骤，以提高维护质量。

（三）编制设备维护作业标准的依据

根据国家和行业规范、维护技术标准、点检标准、给油脂标准等标准对维护的要求，以及公司在安全、环境、消防保卫和危险源控制上的特殊要求，依据现场实施经验，确保设备在实际应用中的有效性和可操作性。应根据现场测定和历次维护实绩以及制造厂方提供的技术数据，来编制设备维护作业标准。

（四）编制设备维护作业标准的基本要求

（1）语言精练、严谨、通俗、易懂，术语规范。

（2）编制要合理、可行、紧凑、标准。

（五）维护内容

（1）按大修、中修、小修分别规定维护规程和安全技术要求。

（2）维护前的准备。一般按技术准备、物资准备两方面，分别规定准备的项目、内容、程序和方法等。

（3）维护的内容与方法。根据设备拆、装程序和方法，按照各设备的维护规程进行大修、中修和小修。

（4）维护与常见故障处理。规定维护方法、周期和常见故障的排除内容，旨在体现预防为主，加强设备维护。规定设备维护整体及主要零部件的维护方式和要求，明确设备常见故障及其排除方法。

（六）轮毂维护使用的记录卡实例

轮毂维护使用的记录卡实例，见表1–1。

二、轮毂维护保养记录卡的修订

风电机组维护人员应该做到根据风机运行数据的统计分析，有针对性地对机组的维护保养计划、维护保养要求和维护保养内容进行修订。本节介绍了某直驱机组轮毂的维护保养的修订内容。

（一）维护计划

维护计划是指执行维护清单中列出的维护工作时间表。维护计划列出了风力发电机从开始运行后20年的维护工作，维护计划表见表1–2。维护时间（年）是从首次运行后开始，确定维护时间表。

维护工作分为4个级别：维护A、维护B、维护C和维护X。维护A为首次运行后1~3个月维护。维护A是一项单次维护工作，在风力发电机的维护计划中只执行一次，重新紧固所有的螺栓。维护A执行的时间误差是 ±1个月。维护B为半年维护。维护B执行的时间误差是 ±1个月。维护C为一年维护，按照力矩表要求的数量紧固螺栓并作标记，以便下次检查时不会重复。如果发现有松动的螺栓，则紧固该项所有的螺栓并作记录。维护C执行的时间误差是 ±1个月。维护X为扩展维护。其中，X1表示每隔3年进行维护的项目；X2表示每隔5年进行维护的项目。

表1-1 轮毂维护记录卡

序号	检查项目	检查标准	维护措施	维护周期	备注	结果	签名
1	轮毂声响	是否有异物不断跌落的声响	如存在异物，须清理出来，并检查异物从何处而来。如果是螺栓松动造成，须检查所有这种螺栓是否松动，并全部涂 loctite243 胶拧紧。如果螺栓断裂，应通知相应相应风电企业。	每次日常维护	—		
2	叶片内异物	叶片内是否有异物不断跌落的声响	将有异响的叶片转至斜向上位置，打开叶片内接口板，进入叶片内检查异物来自何处。如有异物，重点检查以下几点。 （1）叶片内部的避雷线压脱，请按《吊装手册》重新接线压紧固定； （2）避雷计数卡脱落，请更换新的避雷计数卡； （3）配重钢珠脱落，请速通知叶片厂家装上； （4）叶片内的树脂脱落，请清理出来	每次日常维护	—		
3	油管固定架	检查油管固定架是否松脱和破损	安装前，先清理轮毂表面油污。用砂纸打磨轮毂表面（使用不带粘胶的那种）表面。涂胶等完全固化后再固定油管	1年	每 10 台准备 50 油管固定架，1 瓶 Bison Poly MAX 粘接胶，10 张粒度 400#-800# 之间的砂纸		
4	电缆	检查电缆和线管是否松脱和破损	如有电缆和线管松脱，重新用绑扎带扎紧并重点检查电缆是否露出金属裸线。重点检查电缆与固定部分接触处。若已露出金属裸线，则须更换	3年	每 10 台配 3 种 4 mm、6 mm、8 mm 宽绑扎带各 100 根		
5	油管	油脂是否从破裂处露出	若破损，则须更换	1年	每 10 台配相应型号油管各 10 m		
6	橡胶缓冲器	橡胶缓冲器是否破裂	若破裂，则须更换。螺栓松动，再次紧固螺栓	1年	每 10 台配缓冲器 10 个		

表1-1（续表1）

序号	检查项目	检查标准	维护措施	维护周期	备注	结果	签名
7	避雷装置	检查滑刷与弧形接触板是否接触良好；检查外侧绝缘衬套和内侧绝缘衬套是否出现裂纹；检查紧固弧形接触板铆钉是否出现松动；检查绝缘安装板是否变形过大	如出现接触间隙，立即调整滑刷使其与弧形接触板良好接触；如出现导致绝缘衬套脱落的裂纹，须更换；若有松动，应换铆钉再次紧固；如果滑刷局部无法良好接触，看能否想办法修复；如不能修复，则需更换	3个月	—		
8	限位开关	检查限位开关线路是否断裂、有无信号反馈，触头旋转部分是否卡死	若有上述现象，请更换限位开关	1年	每10台配缓冲器5个限位开关		
9	变桨齿轮箱	大小齿轮间隙值0.2~0.5 mm	重新调整或更换调整时，可将驱动绕动驱动安装支座转动几个螺孔，向叶片看，顺时针增大，逆时针间隙合间隙为0.2~0.5 mm	3年	—		
		齿面是否有非正常磨损	通知齿箱厂家处理	1年			
		用螺丝刀一端贴齿轮箱，一端听声音，声音平稳听音无冲击	通知齿箱厂家处理	1年			
		3年更换一次齿轮油	3年更换一次齿轮油	3年			
		全齿面是否有润滑脂	检查润滑系统管路或接线是否正确	6个月			

表 1-1（续表 2）

序号	检查项目	检查标准	维护措施	维护周期	备注	结果	签名
10	变桨电机	变桨电机制动力矩是否足够	检查时先绕向下的叶片装上叶片锁紧块，拆下变桨电机，用 50~100 N·m 扭矩扳手测量电机制动力矩 ≥75 N·m；若小于，更换刹车片 当风速大于 10 m/s 时，停机观察 scada 系统中叶片角度波动是否超过 ±1°；若大于，更换刹车片	1 年	每 10 台 10 个刹车片		
11	变桨轴承	齿面是否有非正常磨损、全齿面是否有润滑脂	用刷子给没有润滑脂的齿面涂脂防锈	6 个月			
12	变桨轴承润滑系统	油脂是否耗完 润滑泵是否破裂 油脂是否从润滑泵双层密封泄露至弹簧侧	只能用注油装置，连接到润滑泵底部的注油孔。给泵注油，直至达到 "最大" 标志处 破裂则更换 通知润滑泵厂家更换	1 年	润滑脂型号		
13	变桨齿轮润滑系统	油脂是否耗完 润滑泵是否破裂 油脂是否从润滑泵双层密封泄露至弹簧侧	只能用注油装置，连接到润滑泵底部的注油孔。给泵注油，直至达到 "最大" 标志处 通知润滑泵厂家更换	1 年	齿轮油型号		
14	变桨润滑毡齿轮	毡齿轮弹簧螺栓头与黑色安装架之间的间隙 3~4 mm	若不够则调整	6 个月			
15	变桨轴承油脂收集瓶	轮毂停止转动后，检查油脂收集瓶废油脂油位	废油油位超过收集瓶 2/3 时，清理废油脂	6 个月			

表 1-1（续表 3）

16	位置编码器	检查顺浆时位置编码器位置与设定值是否超过 1°	将手提电脑通过以太网与机舱控制柜联接，开启风机监测系统。手动变浆，检查顺浆时变浆角度编码器位置与设定值是否一致。若超过 1°，须重新校准叶片零位	1 年
17	滑环	滑环内部是否有大量碳粉	戴上口罩和防护眼镜，打开防护罩，清理碳粉	1 年
		滑环上的炭刷是否磨损殆尽，检查电线缆是否破坏	如果有磨损，更换碳刷或者取措施修复或者更换。若有破坏，采取措施修复或者更换	1 年
18	控制柜	（1）检查缆线和配线是否松动（2）目测检查所有的电气元件是否损坏和松脱（3）调整软件 MaxiMaestro 参数设置是否正确（4）检查控制柜内风扇是否正常工作，进风口是否被堵塞（5）检查其他的掉落物件；若有其他物件是来自控制柜向处，请查明此处，并做相应的安装紧固处理	若有怀疑，应与相应风电企业联系。拆下控制柜除尘处理，重新安装到位，确保通风良好	6 个月
19	电池柜	检查电池柜能否正常工作和提供相应的电源，检查电池钢角处螺栓是否松动	若无法正常工作，应查电池是否损坏，及接线是否断裂和接触不良；若电池损坏，须更换；若接线断裂和接触不良，应修复；若松动，应立即紧固	
20	密封元件	轮毂吊耳处是否有锈迹或密封橡胶老化导致轮毂进水	更换密封元件	3 年　每 10 台风机配 3 个密封橡胶更换（并非整套更换）

除了维护计划外，可以在任何必要的时候检查风机或单个零部件。所有的维护操作和检查都必须完整地记录在维护记录中。在进行维护和检查工作前，应查阅维护记录，以便了解风机当前的状态和一些特殊的情况。

表 1-2　维护计划表

时间（年）	级　别	扩　展
1/4	A	—
1/2	B	—
1	C	—
$1\frac{1}{2}$	B	—
2	C	—
$2\frac{1}{2}$	B	—
3	C	X1
$3\frac{1}{2}$	B	—
4	C	—
$4\frac{1}{2}$	B	—
5	C	X2
$5\frac{1}{2}$	B	—
6	C	X1
$6\frac{1}{2}$	B	—
7	C	—
$7\frac{1}{2}$	B	—
8	C	—
$8\frac{1}{2}$	B	—
9	C	X1
$9\frac{1}{2}$	B	—
10	C	X2
$10\frac{1}{2}$	B	—
11	C	—
$11\frac{1}{2}$	B	—
12	C	X1

表 1–2（续表 1）

时间（年）	级别	扩展
$12\frac{1}{2}$	B	—
13	C	—
$13\frac{1}{2}$	B	—
14	C	—
$14\frac{1}{2}$	B	—
15	C	X1，X2
$15\frac{1}{2}$	B	—
16	C	—
$16\frac{1}{2}$	B	—
17	C	—
$17\frac{1}{2}$	B	—
18	C	X1
$18\frac{1}{2}$	B	—
19	C	—
$19\frac{1}{2}$	B	—
20	C	X2

（二）维护清单

维护清单，见表 1–3。维护清单列出了风力发电机的所有的维护工作。第一列是维护工作名称，第二列是维护工作的说明，第三列至第六列是维护级别代码，最后一列是维护工作的执行情况记录。其中，√—本项维护工作按要求完成；R—本项维护工作有问题，需要记录；✕—本项维护工作因某种原因没有执行，并说明原因。

每一项维护工作出现了问题或作了调整（设备的状态超出规定的要求），都必须记录在维护记录中，维护记录的内容将记录在维护报告中。

表1–3 维护清单

	检查内容	A	B	C	X	结果
	叶 片					
1	检查叶片外观有无裂纹、变形、破损和不洁净等情况	A	B	C		
2	检查叶片毛刷的密封情况	A		C		
3	检查防雷保护的连接是否完好	A	B	C		
4	检查螺栓力矩，叶片—变桨轴承（力矩值根据具体型号参考螺栓紧固力矩表）	A		C		
	轮 毂					
1	检查轮毂防腐层，补刷破损的部分	A	B	C		
2	检查轮毂外观有无裂纹、破损	A	B	C		
3	检查螺栓力矩，轮毂—转动轴：2050 N·m	A		C		
4	检查螺栓力矩，轮毂—变桨轴承：1200 N·m	A		C		
	变桨轴承					
1	检查变桨轴承密封圈的密封，除去灰尘及泄漏出的油脂	A		C		
2	润滑变桨轴承滚道 Fuchs gleitmo 585k		B	C		
3	检查变桨轴承防腐层，补刷破损的部分	A	B	C		
4	变桨轴承油脂采样			C		
5	油脂量为1250 g/半年/轴承，每个油嘴均匀地加注油脂。加注时，打开放油口，排出旧油脂，加注新油脂		B	C		
6	检查轮毂内集油瓶是否装满油	A	B	C		
	变桨减速器					
1	检查变桨减速器—泄漏和油位	A	B	C		
2	运行变桨驱动，检查有无异常噪音	A	B	C		
3	换油方法为:首次运行6个月化验润滑油并记入机组档案，以后每5年更换一次	A			X2	
4	变桨减速器润滑油每3年进行采样化验。如不合格，应立即更换新油				X2	
5	紧固螺栓，变桨减速器—调节滑板：120 N·m	A		C		
6	紧固螺栓，变桨减速器—变桨驱动齿轮（天津卓轮）：50 N·m	A		C		
7	紧固螺栓，变桨减速器—变桨驱动齿轮（邦飞利）：75 N·m	A		C		
8	检查变桨轴承密封圈是否松动	A				

表 1–3（续表 1）

检查内容		A	B	C	X	结果
变桨驱动支架						
1	外观检查，检查腐蚀情况以及漆面和焊缝的完好度	A	B	C		
2	紧固螺栓，顶板—变桨驱动支架：175 N·m	A		C		
3	紧固螺栓，调节滑板—变桨驱动支架：175 N·m	A		C		
4	紧固螺栓，轮毂—变桨驱动支架：340 N·m	A		C		
变桨盘						
1	检查变桨盘破损、裂缝、腐蚀及变形情况	A	B	C		
2	检查齿形带的连接螺栓	A		C		
3	检查叶轮锁定的连接螺栓	A		C		
张紧轮						
1	检查张紧轮的破损、裂缝、腐蚀和密封情况	A	B	C		
2	检查张紧轮与齿形带轮的平行，平行度为 2 mm	A	B	C		
3	加脂，油脂型号：SKF LGEP2，排出旧油脂并做清洁工作	A		C		
齿形带						
1	检查齿形带是否有损坏和裂缝，检查齿形带齿并做清洁工作	A	B	C		
2	用张力测量仪 WF–MT2 测量齿形带的振动频率。频率：$f = 170 \sim 190$ Hz	A		C		
3	在顺桨和工作状态分别检查齿形带的位置，距中心 ±5 mm	A	B	C		
4	检查齿形带压紧板与变桨盘的连接螺栓	A		C		
限位开关传感器支架						
1	检查限位开关的紧固螺栓	A		C		
变桨柜						
1	检查变桨柜支架是否开裂、变形	A	B	C		
2	检查变桨柜支架活动弹性装置是否磨损	A	B	C		
3	检查与变桨柜连接的电缆桥架是否变形、断裂	A	B	C		
4	检查变桨柜上的连接电缆是否被桥架磨损	A	B	C		
5	紧固螺栓，变桨柜支架—变桨轴承，力矩值：1200 N·m	A		C		
导流罩						
1	检查外观，有无裂纹、损坏。检查梯步的状况，以及与发电机的密封间隙	A	B	C		

表 1-3（续表 2）

	检查内容	A	B	C	X	结果
2	检查导流罩连接螺栓	A		C		
3	检查导流罩前后支架有无裂纹、损坏，漆面有无剥落	A	B	C		
4	检查导流罩的前后支架及连接螺栓力矩	A		C		
5	检查导流罩分块总成与前端盖连接螺栓是否活动，玻璃钢螺栓孔是否磨损	A				
6	检查导流罩 T 型块是否松动、损坏	A				
	清洁风力机					
1	清洁，补涂破损防腐	A	B	C		

注：A 级维护要求重新紧固所有的螺栓；C 级维护要求按照力矩表要求的数量紧固螺栓并作标记，以使下次检查时不会重复。如果发现有松动的螺栓，则紧固该项所有的螺栓并作记录。

第二节　轮毂故障的排除

叶轮内部噪音主要来自叶轮内部的运转部件。叶轮内部的运转部件主要有变桨轴承、变桨减速器和滑环。

一、变桨小齿轮与变桨承轴内齿圈啮合间隙的调整方法

调整变桨小齿轮与变桨轴承内齿圈的啮合间隙的方法为：找到变桨轴承齿顶圆的最大处，并做标记，在该处测量齿侧间隙。具体步骤如下所示。

（1）将两根铅丝在变桨减速器齿轮齿长方向对称放置，这两根铅丝到齿端面的距离为 20~30 mm。

（2）手动变桨，驱动变桨减速器小齿碾压铅丝。

（3）用游标卡尺测量这两根铅丝的双面厚度（即为齿侧双面间隙）见图 1-1。若两根铅丝的测量值均为 0.2~0.5 mm，则为"合格"。若测量值不在正常范围内，则需要调整并做好记录。

（4）驱动绕驱动安装支座转动几个螺孔，向叶片看，逆时针间隙增大，顺时针间隙减小，保证啮合间隙为 0.2~0.5 mm。需要反复调整，直到间隙合格为止。

图 1–1　游标卡尺测量铅丝厚度

二、减速箱小齿轮、变桨轴承内齿表面点蚀、塑性变形和腐蚀等缺陷的处理方法

在减速箱小齿轮、变桨轴承内齿表面点蚀、塑性变形和腐蚀等缺陷进行处理时，需要用到的耗材及工具有手电、砂纸、油石、尼龙布和研磨机。

（一）齿表面损伤（压痕、擦伤、锈、变色等）修复

（1）典型损伤现象主要有齿面锈迹、齿面轻度擦伤和齿面压痕，见图 1–2。

（2）处理步骤。用油石将损伤表面打磨平滑。对于锈迹严重的损伤表面，可首先使用粗砂纸进行初步除锈，然后改用油石打磨。用砂纸打磨，使损伤表面与未损伤表面圆滑过渡。使用砂纸由粗（#100）到细（#300）进行打磨。这样做虽然不能完全去除表面损伤，但会尽可能将表面粗糙度细化。

（二）齿表面剥落的修复

当减速器小齿轮或变桨轴承内齿出现齿面剥落，且剥落不影响产品性能时，应对齿面剥落损伤进行修复，以避免剥落进一步发展而使产品失效。处理原则是使表面玻璃边角部圆滑过渡。处理步骤如下。

（1）用研磨机粗磨齿面剥离区。研磨时由中心区逐渐扩大研磨，逐步过渡到

齿面锈迹

齿面轻度擦伤

齿面压痕

图1–2　典型损伤现象

非剥落区。最终，研磨的剥落区与过渡区面积之和约为剥落面积的1.5倍。

（2）用砂纸打磨，使损伤表面与未损伤表面圆滑过渡，使用砂纸由粗（#100）到细（#300）进行打磨。

（3）用油石打磨，使边角圆滑过渡。

三、变桨轴承密封条类型及更换方法

更换变桨轴承密封圈需要的备件和工具分别见表1–4、表1–5。

表1–4　更换变桨轴承密封圈需要的备件

序　号	名　称	规格/型号	数　量	单　位	备　注
1	变桨轴承内密封圈	根据轴承厂家不同选择型号	3	个	—
2	变桨轴承外密封圈	根据轴承厂家不同选择型号	3	个	—
3	变桨轴承润滑脂	—	—	千克	根据轴承厂家不同选择型号及数量
4	密封圈粘贴剂	—	—	瓶	根据轴承厂家不同选择型号及数量

（一）变桨轴承更换密封圈步骤

1.变桨轴承内密封圈更换

（1）机组打到停机状态，将叶轮锁定至倒"Y"状态，并将需要更换密封圈的变桨轴承对应的叶片锁定到朝上的状态。

表1-5　更换变桨轴承密封圈需要的工具

序　号	名　称	规　格	数　量	备　注
1	手电筒	—	3个	照明
2	美工刀	—	1把	割断需要更换的密封圈
3	一字螺丝刀	—	2把	拆卸密封圈
4	抹布	—	若干	擦油脂
5	垃圾袋	—	若干	装垃圾
6	油枪	—	1个	加脂
7	橡皮锤	—	1把	安装密封圈
8	砂纸	100目	1张	打磨密封圈切口

（2）三名作业人员进入叶轮后，将所需更换密封圈的变桨轴承对应的叶片锁定。

（3）作业人员进入轮毂内，使用"一字"螺丝刀将朝上叶片的变桨轴承内密封圈拆卸下来，然后使用抹布将变桨轴承里面的油脂清理掉，见图1-3。

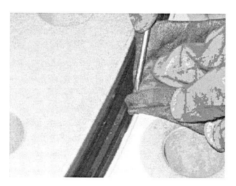

图1-3　拆卸旧密封圈

注意事项：

为防止螺丝刀损伤变桨轴承的表面，使用大布将螺丝刀与变桨轴承接触的地方垫好。变桨轴承密封槽部位要清理干净并露出金属本色。

（4）安装变桨轴承内密封圈。使用毛刷将密封圈唇部均匀地涂抹变桨轴承润滑脂，见图1-4。将密封圈放置在变桨轴承内圈上后，每隔15 cm将密封圈按压至密封槽内，见图1-5、图1-6。安装一圈后选取合适长度，保证密封圈安装完毕后密封圈不会被拉伸或挤压，之后将密封圈多余部分剪掉，切口要平齐并呈45°角，使用专用的胶水粘合好，并按压60 s以上，确保粘贴牢固。粘贴密封圈前，须确保切口干净无油脂。若密封圈切口不平齐，可使用砂纸打磨。使用橡皮锤将密封圈敲入密封槽内后，再沿圆周按压密封圈。使用毛刷在变桨轴承密封摩擦面和密封唇口上均匀地涂抹润滑脂。用大布擦拭多余油脂，并拆卸叶片锁定销。

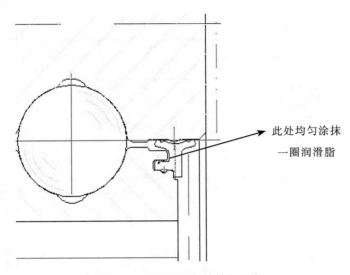

图1-4 密封圈唇部涂抹润滑脂

图1-5 按压密封圈至密封槽内

图1-6 螺丝刀按压密封圈

（5）按照上述方法将其他两个变桨轴承在轮毂内的密封圈更换完毕。

注意事项：

（1）图1-4中的密封圈唇部结构仅供参考。现场可根据实际情况将密封圈唇部涂抹润滑脂即可，保证涂抹得均匀，涂抹厚度在2 mm左右。

（2）在按压密封圈至密封槽内的过程中，若出现密封圈与叶片法兰干涉的情况，使用螺丝刀按压住密封圈，避免密封圈与叶片法兰干涉而损伤。

（3）在安装密封圈的过程中，须使密封圈的长度在自然状态下刚好与轴承密封结构吻合，严防密封圈起褶皱，严防密封带被拉伸或挤压。

（4）若出现叶片法兰干涉无法将密封圈敲入到密封槽内，可在密封圈即将安装完毕前小角度变桨，将干涉部位避开。

2. 变桨轴承外密封圈更换

将叶轮锁定至正"Y"状态，并将需要更换密封圈的变桨轴承对应的叶片锁定到朝下的状态，然后按照上述更换密封圈的方法更换变桨轴承外密封圈。

（二）更换后处理

加脂时，使用油枪通过变桨轴承注脂孔对变桨轴承加脂，直到变桨轴承内的旧油脂从排油孔排出即可停止加脂。清理叶轮内工具，并使用大布将叶轮内油脂擦拭干净后，松开叶轮锁定销，然后启动机组。

注意事项：

（1）为防止接油瓶出脂口堵塞，加脂前需清理接脂瓶排油口，保证出脂口畅通。

（2）加脂规范。变桨轴承上下两列滚道注脂口需各选4个以上均布的注脂口进行均匀加脂，加脂时变桨轴承要求转动，并同时检查变桨轴承密封圈是否有漏脂、鼓包及接口断开等情况。

（3）清理挤出来的油脂，保证机组的清洁度。

四、变桨传动链的检查方法

（一）变桨传动链的介绍

变桨系统的作用一方面是调节机组功率，另一方面是旋转叶轮气动刹车。它有3套独立的变桨驱动机构，即便是在系统掉电后，也可以使叶片变桨到顺桨位置，减少叶轮的出力，保证机组设备的安全。变桨电机采用交流异步电机，变桨速率有变桨电机转速调节（通过变桨变频器改变供电的频率来控制电机转速）。变桨

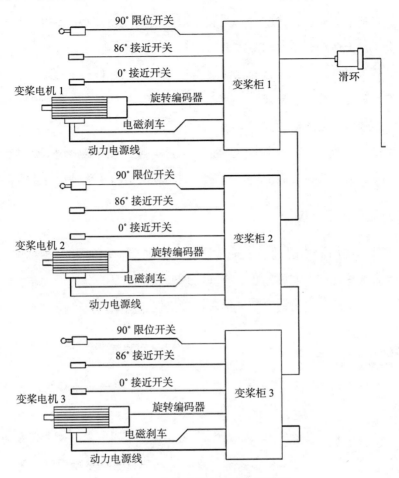

图1-7 变桨系统电气结构拓扑图

电气结构主体为：充电器—超级电容—变频器—变桨电机，拓扑结构见图1-7。

变桨系统主要由变桨轴承、变桨控制系统、变桨驱动装置及附属设备等组成。变桨轴承用于支撑整个叶轮部分的重量和工作载荷，并且将叶片和轮毂连接起来，实现叶片和轮毂的相对旋转。见图1-8。

（二）变桨系统的检查与维护

1. 变桨轴承检查与维护

（1）检查变桨轴承密封圈的密封，除去灰尘及泄漏出的油脂。

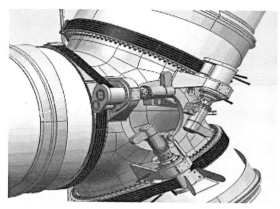
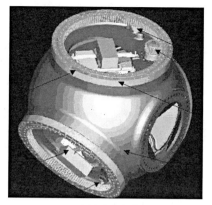

a. 齿形带变桨系统   b. 齿轮啮合变桨系统

图 1-8 变桨系统

（2）检查变桨轴承防腐层，补刷破损的部分。

（3）检查变桨轴承内集油瓶是否装满油，及时清理。

（4）检查变桨轴承是否有异常噪音。

（5）检查变桨轴承与轮毂的连接螺栓。

2. 变桨控制系统的检查与维护

变桨控制系统见图 1-9，其检查与维护过程如下所示。

（1）检查变桨控制柜支架连接螺栓、限位开关、接近开关及所有附件连接螺栓是否松动。

（2）检查变桨柜外观，表面有无裂纹，防腐层有无破损。如有此类情况，应立即修复。

（3）检查柜门锁是否完好，检查柜门密封性。

（4）检查与变桨柜相连接的电缆是否固定牢固，绝缘层是否有磨损、开裂现象，插头是否固定牢固。如有异常，应立即处理或更换。

（5）检查变桨柜弹性支撑有无裂纹和严重磨损现象。如有此类情况，应立即更换弹性支撑。

（6）变桨功能测试，测试手动变桨与自动变桨功能是否正常，检查旋转编码器、温度传感器等信号是否正常。

a. 变桨控制柜　　　　　　　　　　　b. 变桨控制开关

图 1-9　变桨控制系统

（7）检查变桨控制柜体接地电缆与接地极的连接是否牢固，并紧固连接螺栓。

（8）检查限位开关、位置传感器等信号是否正常。如不正常，须进行重新调整。

（9）检查超级电容的顺桨能力。

（三）变桨驱动装置的检查与维护（见图 1-10）

1. 变桨电机的检查与维护

（1）检查变桨电机表面是否有污物，并清洁电机表面。

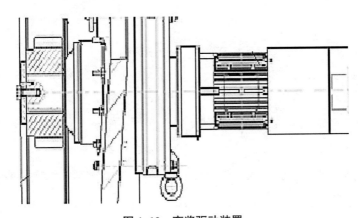

图 1-10　变桨驱动装置

（2）检查变桨电机防腐层有无破损、脱落现象。如有此类情况，应进行修补。

（3）检查变桨电机散热风扇及电缆的固定是否牢固，扇叶有无变形并清理灰尘。

（4）检查变桨电机在运行过程中是否产生振动及噪音。如有此类情况，应立即进行检查，找出原因并处理。

（5）检查电机电缆接线及插头是否牢固，打开电机接线盒查看接线柱有无松动现象。如有此类情况，应重新紧固。

（6）检查旋转编码器与变桨电机连接是否牢固。如果松动，应重新紧固。

2. 变桨减速器

（1）检查变桨减速器表面防护层有无破损、脱落现象。如有此类情况，应进行修补。

（2）检查变桨减速器表面有无污物。若有此类情况，应将其清理干净。

（3）检查变桨减速器油位，在油窗 2/3 处，如果不够添加润滑油，需要添加润滑油的变桨减速器的叶片应垂直朝下，应在油温低于 40℃时进行。

（4）检查变桨减速器是否漏油。如有此类情况，应进行修复。加油及修复工作完成后，清理干净现场。

（5）检查减速器是否有异常声音。如有异常，找出故障原因并处理。

（6）变桨减速器齿轮油前 3 年进行采样化验一次，以后每年化验一次。如不合格，则必须更换油品。

（7）检查变桨减速器与变桨电机、减速器与带轮支撑的连接固定螺栓，参照维护检查清单。

（8）减速器输出轴轴承加注润滑脂。

3. 驱动轮、涨紧轮及带轮支撑（见图 1-11）

（1）检查驱动轮、带轮支撑是否有破损、裂缝和腐蚀。

（2）检查涨紧轮表面有无压痕或损伤。

（3）检查涨紧轮、驱动轮和带轮支撑表面有无油污锈迹，并进行清理。

（4）检查涨紧轮、驱动轮油脂情况，去除多余油脂。

（5）检查轮毂和带轮支撑螺栓，带轮支撑盖板螺栓，参照维护检查清单。

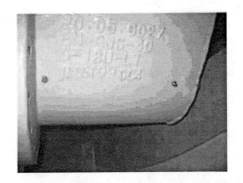

图 1-11　涨紧轮和驱动轮

4. 齿形带

（1）检查齿形带是否破损或有裂纹，检查齿形带齿有无破损。

（2）检查齿形带涨紧度并对其进行清洁。齿形带频率，长边频率为 108 Hz ±10。

（3）检查齿形带板座与轴承连接螺栓，齿形带板座与压板连接螺栓。齿形带与压板见图 1-12。

图 1-12　齿形带与压板

（4）检查齿形带在涨紧轮与驱动轮上的偏移情况，偏差不能大于 ±5 mm。

5. 变桨锁定装置

检查锁定销是否有裂纹，检查固定螺栓是否松动并紧固螺栓，见图 1-13。

注意事项：

在更换齿形带、变桨电机、变桨减速器时，需要使用变桨锁定装置。在风速不超过 8 m/s（10 min 平均风速）的情况下使用。如果超过此风速时，使用此锁定装置，会对风机产生破坏性影响。

6. 变桨小齿轮检查

（1）检查变桨小齿轮与变桨齿圈的啮合间隙，正常啮合间隙 0.2~0.5 mm。

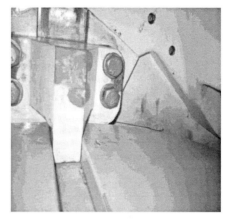

图 1–13　叶轮锁定位置和叶轮锁定销

（2）检查齿轮的锈蚀和磨损情况。

（3）齿面磨损是由于细微裂纹逐步扩展、过大的接触剪应力和应力循环次数作用造成的。仔细检查齿轮的表面情况，如果发现轮齿严重锈蚀或磨损，齿面出现点蚀裂纹等应及时更换或采取补救措施。

7. 变桨小齿轮与变桨大齿圈之间润滑

（1）清理旧润滑脂。

（2）将油脂均匀涂抹在每个齿上。

（3）在润滑过程中，应小幅度旋转轴承。

（4）加润滑脂工作完成后，应立即清理干净泄露的润滑脂。

（5）检查回收的废润滑油脂，查看里面是否有过多的杂质或金属颗粒，并以此来判断轴承的磨损情况。

五、变桨控柜

（一）变桨电机、变桨减速器的更换方法

工具清单和耗材清单见表 1–6、表 1–7。

表1-6 工具清单

序 号	名 称	型 号	数 量	单 位
1	棘轮扳手	19 mm	1	把
2	力矩扳手	340 N·m	1	把
3	套筒（风动）	19mm	1	个
4	吊葫芦	1t	1	个
5	吊带	1 t×1 m	1	根
6	吊带	3 t×4 m	1	根
7	吊耳	1 t	2	个
8	钢丝绳	0.5 m	1	根
9	内六角扳手	14 mm 12 mm	1	把
10	橡胶锤	—	1	把
11	一字起	—	1	把
12	安全带	—	1	根

表1-7 耗材清单

序 号	名 称	型 号	数 量	单 位
1	扎带	530 mm	1	包
2	扎带	300 mm	1	包
3	抹布	—	2	块
4	镀铬自喷锌	—	1	瓶
5	乐泰/克塞新	243/1243	1	瓶
6	记号笔	—	1	支

1. 变桨电机、减速器拆卸前的准备工作

机组停机打维护，锁叶轮。在更换变桨电机或减速器时，必须先确认变桨柜（电容柜）的电源已经断开，滑环电源也处于开路状态。拆除变桨柜（电容柜）上变桨电机电源线哈丁头，并将其取出后妥善放置，防止被硬物砸伤。

用变桨锁将变桨盘锁定，见图1-14。叶片指针指到0°位置，拆下变桨锁，用变桨锁上的2个M16×70-8.8螺栓和2个Φ16垫圈将变桨锁安装到变桨盘上。螺栓的紧固力矩值为120 N·m。

在更换变桨电机或减速器时，必须先确认变桨柜（电容柜）的电源已经断开，

图 1–14 变浆锁定

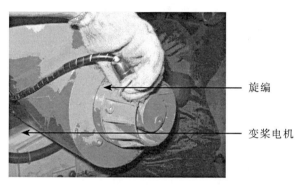

图 1–15 变浆电机旋编的拆除

滑环电源也处于开路状态。拆除变浆柜（电容柜）上变浆电机电源线哈丁头，并将其取出后妥善放置，防止被硬物砸伤。

拆除变浆电机后部的旋编，见图 1–15。拆除旋编时不需要工具，用手拧旋编圆螺母即可。

2. 变浆电机的拆卸

（1）悬挂吊具。将吊带一端与变浆驱动支架或变浆盘连接，另一端与变浆电机吊耳连接并确定吊具连接可靠，见图 1–16、图 1–17。

（2）拆卸电机。用 18 mm 棘轮扳手分别拆下变浆电机—变浆减速器连接的 6 颗 M12×40－8.8 螺栓，见图 1–18。

螺栓拆卸完毕后，变浆电机两侧分别各站一人，晃动电机；电机后侧站一人，向外拔电机，使电机和减速器缓慢分离，见图 1–19。

变桨盘

吊带 3 t×4 m

吊葫芦 1 t

旋编

图 1-16　3 t×4 m 吊带悬挂

变桨电机吊耳

吊带 1 t×1 m

变桨电机电源线

图 1-17　1 t×1 m 吊带悬挂

变桨电机 - 减速器连接螺栓 6 颗 M12*40-8.8

图 1-18　变桨电机—减速器连接螺栓的拆卸

注意事项：

　　在拆电机时，一定要注意晃动幅度不要过大，以免损坏变桨电机的传动轴。

　　如果电机的电源线是从变桨柜（电容柜）侧拆下，电机侧未拆除，须注意电源线的防护。若电机的电源线是从电机侧拆除，则须将电源线妥善放置，防止对电源线造成损伤。

图 1-19 拆卸变桨电机

3. 变桨减速器的拆除

变桨减速器拆除前有以下几项准备工作。

（1）拆除冗余旋编固定板。用 12 mm 套筒或是开口扳手拆除冗余旋编固定板上的 4 个 M8×25 – 8.8 螺栓。取下冗余旋编固定板，妥善放置防止损伤冗余旋编及冗余旋编小齿轮，见图 1-20。

（2）拆除齿形带。调整变桨驱动齿形轮，使齿形带松弛，见图 1-21、图 1-22。

冗余旋编
固定板

冗余旋编固定螺
栓 4–M8×25–8.8

图 1-20 SSB 旋编固定板的拆卸

变桨驱动齿形轮

张紧轮调整
滑板定位压条

图 1-21 旋松定位压条上的螺栓

变桨驱动齿形轮

变桨驱动齿形轮调整滑板

变桨驱动齿形轮 – 减速器连接螺栓 6 颗 M12×40 A4–70

变桨驱动齿形轮调节螺栓 2 颗 M16×120–10.9 螺栓

图 1–22　调节减速器调节滑板

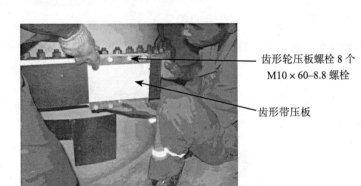

齿形轮压板螺栓 8 个 M10×60–8.8 螺栓

齿形带压板

图 1–23　齿形带压板的拆卸

旋编驱动齿轮

旋编驱动齿轮连接螺栓 2 个 M12×25–8.8

张紧轮

图 1–24　SSB 旋编驱动齿轮的拆卸

拆卸一侧齿形带压板，见图 1–23。

（3）拆除张紧轮。SSB 旋编驱动齿轮的拆卸，见图 1–24；拆除张紧轮—减速器连接螺栓，见图 1–25；拆除张紧轮，见图 1–26。

变桨减速器－变桨驱动齿形轮连接螺栓 6 颗 M12×40 内六角头螺钉

图 1–25　张紧轮—减速器连接螺栓的拆除

顶丝，2 颗 M12×40 内六角头螺钉

图 1–26　张紧轮的拆除

变桨减速器的拆除过程如下所示。

（1）变桨减速器—调节滑板连接螺栓的拆除，见图 1–27。

（2）变桨减速器拆卸，拆卸过程及吊具悬挂位置，见图 1–28、图 1–29。

4. 安装

安装流程，见图 1–30。

（二）变桨电机电磁刹车的调整方法

1. 检查

为确保设备安全无故障地运行，必须对弹簧加压制动器定期进行检查和维护。如果容易接触到制动器，维修保养就会更容易。因此，在将传动装置装入设备以及在安置设备时，应考虑这点。

变桨驱动齿形轮 –
减速器连接螺栓 6
颗 M12 × 40 A4–70

变桨减速器

调节滑板

图 1–27　变桨减速器连接螺栓的拆除

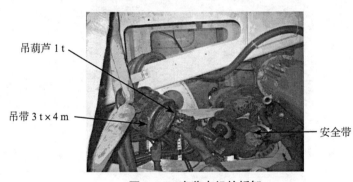

吊葫芦 1 t

吊带 3 t × 4 m

安全带

图 1–28　变桨电机的拆卸

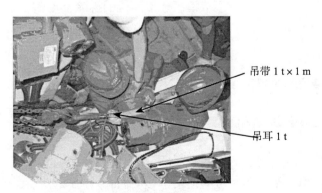

吊带 1 t × 1 m

吊耳 1 t

图 1–29　变桨电机的拆卸

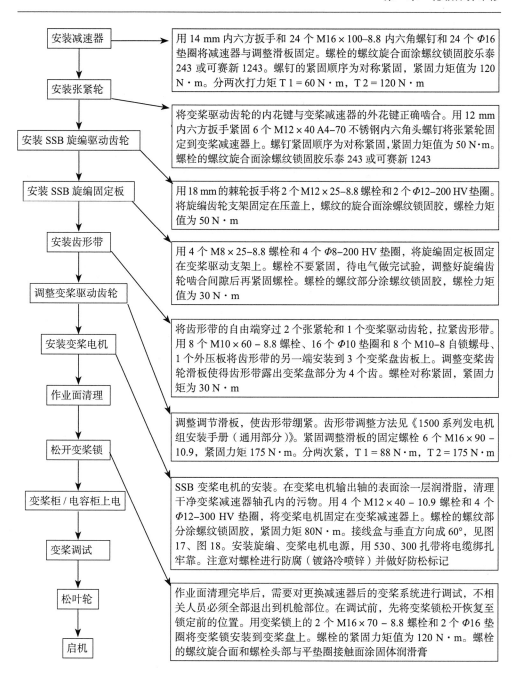

安装减速器 → 用 14 mm 内六方扳手和 24 个 M16 × 100–8.8 内六角螺钉和 24 个 Φ16 垫圈将减速器与调整滑板固定。螺栓的螺纹旋合面涂螺纹锁固胶乐泰 243 或可赛新 1243。螺钉的紧固顺序为对称紧固，紧固力矩值为 120 N·m。分两次打力矩 T 1 = 60 N·m，T 2 = 120 N·m

安装张紧轮 → 将变桨驱动齿轮的内花键与变桨减速器的外花键正确啮合。用 12 mm 内六方扳手紧固 6 个 M12 × 40 A4–70 不锈钢内六角头螺钉将张紧轮固定到变桨减速器上。螺钉紧固顺序为对称紧固，紧固力矩值为 50 N·m。螺栓的螺纹旋合面涂螺纹锁固胶乐泰 243 或可赛新 1243

安装 SSB 旋编驱动齿轮 → 用 18 mm 的棘轮扳手将 2 个 M12 × 25–8.8 螺栓和 2 个 Φ12–200 HV 垫圈。将旋编齿轮支架固定在压盖上，螺纹的旋合面涂螺纹锁固胶，螺栓力矩值为 50 N·m

安装 SSB 旋编固定板 → 用 4 个 M8 × 25–8.8 螺栓和 4 个 Φ8–200 HV 垫圈，将旋编固定板固定在变桨驱动支架上。螺栓不要紧固，待电气做完试验，调整好旋编齿轮啮合间隙后再紧固螺栓。螺栓的螺纹部分涂螺纹锁固胶，螺栓力矩值为 30 N·m

安装齿形带 → 将齿形带的自由端穿过 2 个张紧轮和 1 个变桨驱动齿轮，拉紧齿形带。用 8 个 M10 × 60 – 8.8 螺栓、16 个 Φ10 垫圈和 8 个 M10–8 自锁螺母、1 个外压板将齿形带的另一端安装到 3 个变桨盘齿板上。调整变桨齿轮滑板使得齿形带露出变桨盘部分为 4 个齿。螺栓对称紧固，紧固力矩为 30 N·m

调整变桨驱动齿轮 → 调整调节滑板，使齿形带绷紧。齿形带调整方法见《1500 系列发电机组安装手册（通用部分）》。紧固调整滑板的固定螺栓 6 个 M16 × 90 – 10.9，紧固力矩 175 N·m。分两次紧，T 1 = 88 N·m，T 2 = 175 N·m

安装变桨电机 → SSB 变桨电机的安装。在变桨电机输出轴的表面涂一层润滑脂，清理干净变桨减速器轴孔内的污物。用 4 个 M12 × 40 – 10.9 螺栓和 4 个 Φ12–300 HV 垫圈，将变桨电机固定在变桨减速器上。螺栓的螺纹部分涂螺纹锁固胶，紧固力矩 80N·m。接线盒与垂直方向成 60°，见图 17、图 18。安装旋编、变桨电机电源，用 530、300 扎带将电缆绑扎牢靠。注意对螺栓进行防腐（镀铬冷喷锌）并做好防松标记

作业面清理 →

松开变桨锁 →

变桨柜 / 电容柜上电 →

变桨调试 → 作业面清理完毕后，需要对更换减速器后的变桨系统进行调试，不相关人员必须全部退出到机舱部位。在调试前，先将变桨锁松开恢复至锁定前的位置。用变桨锁上的 2 个 M16 × 70 – 8.8 螺栓和 2 个 Φ16 垫圈将变桨锁安装到变桨盘上。螺栓的紧固力矩为 120 N·m。螺栓的螺纹旋合面和螺栓头部与平垫圈接触面涂固体润滑膏

松叶轮 →

启机

图 1–30　安装流程图

制动器的维护保养周期主要取决于制动器工作时的负载。在计算维保周期时，必须考虑所有的磨损原因，常见磨损原因见表1-8。为降低费用，在某些情况下，可按照设备的其他维保工作循环周期进行检查。

表1-8 常见磨损原因

零部件	原 因	影 响	影响因素
摩擦片	减速制动	摩擦片的磨损	制动时的摩擦功
	急停		
	传动装置启动和停止时的磨损		
	传动电机在制动器配合下的有源制动（快停）		
	电机轴垂直安装时的启动磨损		
制动器已释放		启—停循环次数	
衔铁盘与对应摩擦面	摩擦片的磨损	衔铁盘与对应摩擦面的磨合	制动时的摩擦功
制动器转子花键	制动器转子与制动轴套之间的相对运动和碰撞	花键磨损（主要是转子侧）启—停循环次数	
衔铁盘支撑装置	交变载荷和衔铁盘，套筒螺栓和导向销之间的碰撞	衔铁盘、套筒螺栓和导向销发生断裂	启—停循环次数，制动力矩
弹簧	弹簧的径向气隙和衔铁盘的交变载荷产生的作用在弹簧上的径向负载和剪切力	弹力变小或疲劳断裂	制动器工作次数

由于转子使用后磨损导致的制动器气隙（即衔铁盘在制动器制动时的行程）偏差，因此必须先确认转子厚度是否在允许范围之内。如磨损严重，则必须在更换新转子后再进行气隙调整。

2. 检查转子厚度

（1）拆下风机罩。

（2）如果有挡圈，须将其拆下。

（3）用游标卡尺测量转子厚度。对于配有摩擦片的制动器，注意边棱应处于摩擦片的外径上。

（4）把转子厚度测量值与允许的最小转子厚度进行对比。如果转子厚度测量值太小，则必须更换转子总成。

3. 检查气隙

（1）用一把塞尺在紧固螺栓附近测量衔铁盘与定子之间的气隙。塞尺插入衔铁盘与定子之间的深度不能超过 10 mm。

（2）把气隙测量值与允许的气隙值进行对比，如果气隙测量值在额定气隙的公差范围之外，则应重新调整该尺寸。

（3）把气隙调整为额定气隙。

4. 调整气隙

（1）松开螺栓，见图 1–31。

（2）用一把开口扳手把套筒螺栓进一步旋入定子。用开口扳手拧套筒螺栓（见图 1–32），按顺时针方向旋转，则气隙加大;按逆时针方向旋转，则气隙减小。

（3）拧紧螺栓。

（4）用一把塞尺在螺栓附近检查气隙是否在额定气隙公差范围内。如气隙超出额定气隙公差范围，则重复以上步骤。

5. 更换转子

（1）松开连接电缆。

图 1–31　松开螺栓

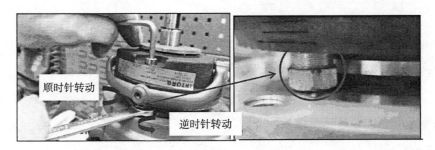

顺时针转动

逆时针转动

图1–32 开口扳手拧套筒螺栓

（2）均匀地松开螺栓，然后把螺栓全部旋出，见图1–32。

（3）执行该操作步骤时，应注意连接电缆。从电机端面上取下定子总成。

（4）从轴套上拉出转子。

（5）检查轴套的花键。

（6）如果发现有磨损，则更换轴套。

（7）检查电机端面处摩擦面。如果法兰上有明显的沟痕，则更换电机端面处的摩擦面。如果电机端面的沟痕比较深，则必须重新加工摩擦面。

（8）测量新转子的转子厚度，然后用一把游标卡尺测量套筒螺栓的顶头高度。

（9）用以下公式计算定子与衔铁盘之间的距离：距离 = 转子厚度 + 额定气隙 – 顶头高度

（10）均匀地往外旋套筒螺栓，直到定子与衔铁盘的距离等于计算值为止。

（11）安装新转子和衔铁盘总成，然后进行调整。

（12）重新接上连接电缆。

 **思考题：**

1. 风机运行时有哪些主要噪音？

2. 更换变桨减速器有哪些流程？

3. 变桨电机有哪些常见故障？

4. 变桨电磁刹车间隙的调整方法是什么？

第二章　叶片保养维修

1. 掌握叶片零位的检查方法。

2. 掌握叶片螺栓的更换方法。

3. 能够检查接闪器的牢固情况。

4. 能够判断叶片的异常噪音。

第一节　叶片内部件的检查及调整

一、叶片零位的检查方法

叶片零位的检查可在手动模式或强制手动模式下完成，步骤如下。

（1）将变桨柜模式设定于手动模式。

（2）变桨柜上电。

（3）旋转手动变桨开关至 F 位置，叶片应向 0° 方向变桨，观察叶片角度应当减小。

（4）仔细观察桨叶的 0° 刻线，确认叶片 0 刻度线准确定位与轮毂 0 刻度线对齐，误差范围为 ±0.3°。

二、叶片接闪器

在风力发电机组中，叶片接闪器又分为叶尖接闪器和叶身接闪器。机组接闪器的作用是截收雷电，通过引下线和接地装置将雷电流迅速散入大地中。叶片接闪器可以防止或减少雷击机组时造成的危害，保证人员的安全和风力发电机组的正常运行。

（一）叶片接闪器的安装位置

1. 玻璃纤维叶片接闪器的安装位置

叶片长度大于等于 30 m 且小于 45 m 时，在叶尖安装 1 个金属叶尖接闪器，或在距叶尖 0.2 m 左右位置安装一对叶身接闪器；在叶片表面的压力面和吸力面各安装至少 2 对叶身接闪器。

叶片长度大于等于 45 m 时，在叶尖安装 1 个金属叶尖接闪器，或在距叶尖 0.2 m 左右位置安装一对叶身接闪器；在叶片表面的压力面和吸力面各安装至少 3 对叶身接闪器。

注意事项：

叶片接闪器如没按上述描述布置，应满足 IEC 61400-24：2010《风力发电机组雷电防护》标准中对叶片的高压雷击接闪测试要求，并应有相应的测试报告。

2. 碳纤（CFC）维叶片接闪器的安装位置

（1）CFC 叶片应按照玻璃钢叶片规范采取雷电防护系统。

（2）CFC 叶片应对碳纤维构件采取特殊的铜网雷电防护系统。

（3）CFC 构件应与铜网雷电防护系统在制造过程中同步完成，并保证 CFC 构件与铜网在任何位置都处于等电位状态。

（二）接闪器的规格尺寸

根据《风力发电机组雷电保护》GB/Z 25427—2010 和《风力涡轮机——第 24 部分：雷电防护》IEC 61400-24：2010 标准的要求，对用于接闪器的材料、结构和最小截面应符合表 2-1 中数据的规定。

表 2-1　接闪器导体的材料、结构和最小截面

材　　料	结　　构	最小截面（mm²）	备　　注
铜、镀锡铜	实心带状	50	最小厚度 2 mm
	实心圆状		直径 8 mm
铝	实心带状	70	最小厚度 3 mm
	实心圆状	50	直径 8 mm
铝合金	实心带状	50	最小厚度 2.5 mm
	实心圆状	50	直径 8 mm
热镀锌钢	实心带状	50	最小厚度 2.5 mm
	实心圆状	50	直径 8 mm
不锈钢	实心带状	50	最小厚度 2.5 mm
	实心圆状	50	直径 8 mm

（三）叶片接闪器的工艺要求

1. 玻璃纤维叶片接闪器的工艺要求

（1）接闪器的技术要求。接闪器的技术要求如下。

① 接闪器的设计和制造必须保证其机械安装与电气连接的可靠性。

② 接闪器的材质必须选用具备优良的耐蚀性和导电性能的金属或金属合金材料。

③ 叶身接闪器的外形为直径不小于 30 mm 的圆。

④ 接闪器的制造工艺须选用铸造、压铸、锻造、焊接中的一种。

⑤ 接闪器露出叶片的部分，要与叶片表面平齐。

⑥ 接闪器暴露在空气中的部分须符合安装区域叶片三维翼型，均须不小于 200 mm²，且表面粗糙度须不大于 Ra8。

⑦ 接闪器要与引下线可靠连接，形成良好的雷电流泄放通路。

⑧ 接闪器暴露在空气中的部分，叶身接闪器须与叶片外蒙皮翼型平滑过渡，叶尖接闪器须与叶尖翼型三维吻合过渡。

⑨ 接闪器安装使用螺栓连接的场合，须采用永久性连接方式，螺栓拧紧力矩符合相关标准要求。

⑩ 接闪器表面禁止覆盖非金属防腐涂层。

（2）接闪器的连接要求。接闪器与引下线连接须采用永久性连接方式，使用螺栓连接的场合，螺栓拧紧力矩符合相关标准要求。

接闪器与引下线连接平面须在连接前进行打磨处理，对连接两面均匀涂抹厚度不薄于 0.5 mm 的与材质匹配的导电膏，以形成良好的雷电流泄放通道。

2. 碳纤维（CFC）叶片接闪器的工艺要求

（1）CFC 叶片雷电防护系统构件的防护材料要求。① 编织铜网需采用圆截面无氧铜材质编织。② 编织铜网铜丝直径应不小于 0.25 mm。③ 编织铜网目数应不大于 20 标准目。④ 编织铜网应采用平纹编织方式。⑤ 编织铜网叶尖部位任一点至叶根引出系统的电阻值不大于 0.05 Ω。

（2）CFC 叶片雷电防护系统构件的防护材料布置要求。① CFC 雷电防护铜网应在吸力面和压力面至少各铺设 2 层。② CFC 雷电防护铜网铺设于 CFC 构件的外蒙皮结构最外层。③ 内层雷电防护铜网轴向叶尖铺设至 CFC 末端超出 50 mm；叶根延伸到并超过根部雷电流泄放引出结构 50 mm；弦向铺设至超出 CFC 结构件边缘 20 mm。④ 外层雷电防护铜网轴向叶尖铺设至 CFC 末端超出 100 mm；叶根延伸到并超过根部雷电流泄放引出结构 50 mm；弦向铺设至超出 CFC 结构件边缘 50 mm。

3. 叶片引下线及其附件的技术要求

（1）叶片引下线宜敷设在叶片的内表面，敷设路径宜短而直。

（2）叶片引下线，应采用横截面积不小于 70 mm² 的软铜电缆。软铜电缆的导体采用退火铜丝，并应符合 GB/T 3956–2008 电缆的导体中第 5 种导体（软导体）规定的要求。沿海型、海上型机组软铜电缆导体中的单线镀锡，锡应符合 GB/T 728–1998 锡锭的规定，不低于 2 号锡。软电缆要具有 ZB 类阻燃。

（3）特性，符合国家标准 GB/T 19666–2005《阻燃和耐火电线电缆通则》中第 5.1.2 条表 4 规定的 ZB 类阻燃特性。

（4）与引下线连接的接线端子,采用与引下线相匹配的 DT 型镀锡铜接线端子。

（5）引下线与铜端子连接处,采用黄和绿双色热缩管做接线处的防护。热缩管推荐长为 0.1 m、内径为 Φ30、壁厚为 1.4 mm 的增强绝缘型热缩管。

（6）引下线的接线端子与接闪器、叶片根部连接时,应使端子板部与连接的金属面完全接触,保证足够的接触面积,以形成良好的雷电流泄放通路。

（7）后缘接闪器导线与主导线要可靠连接,形成良好的雷电流泄放通路。

（8）与接线端子连接的螺栓,应采用与接地端子相匹配的不锈钢螺栓或镀锌螺栓。

（9）引下线铜端子与接闪器、叶片根部连接后,在连接处的外边缘,用镀铬自喷漆作防腐蚀处理。喷镀铬自喷漆时要喷两遍,第一遍和第二遍之间间隔 4 小时以上,注意喷涂均匀。

（10）从叶片尖部接闪器到引下线在叶片根部连接处,电阻值应不大于 0.05Ω。

（11）每个叶片根部安装 1 个雷电峰值记录卡。

（12）记录卡应直接固定在引下线上,不能剥除电缆的绝缘层。

第二节 叶片缺陷的排除

一、叶片螺栓的更换方法

（一）叶片螺栓的更换准备工作

更换叶片螺栓,要提前准备好所需要的作业工具、耗品清单和物料清单,见表 2-2、表 2-3。

（二）叶片螺栓的更换步骤

（1）安装在同一台机组上的双头螺柱、螺母和垫圈必须是同一批次生产的。

表 2–2　螺栓更换作业工具及耗品清单

序　号	名　称	数　量	单　位	规　格	备　注
1	液压站（含扳手头、液压油管等）	1	台	—	在计量器具检测时间内使用
2	套筒	1	个	—	根据所更换螺栓规格确定
3	工作灯	1	个	—	
4	活动扳手	1	个	—	
5	卷尺	1	把	—	
6	内六方	1	个	—	根据所更换螺栓规格确定
7	丝锥	1	把	—	根据所更换螺栓规格确定
8	毛刷	2	把	—	
9	插线板	1	个	线长 10 m	
10	大工具包	1	个	—	
11	大布	1	块	—	适量
12	记号笔	1	支	—	红色
13	清洗剂	1	瓶	—	

表 2–3　单台机组更换叶片螺栓物料清单

物资名称	单　位	备　注
螺栓	颗	根据机组要求确定
垫圈	个	根据机组要求确定
螺母	个	根据机组要求确定
螺栓固体润滑剂	千克 / 支	根据机组要求确定
MD 硬膜防锈油	千克	根据机组要求确定

（2）停机，使机组处于"维护"状态。使用提升机将螺栓更换作业所需的螺栓、工具、耗品等物资运送至机舱。锁定叶轮后，把所需的螺栓、螺母、垫圈搬运到叶轮里。

（3）叶轮锁定后（三只叶片呈"Y"形），可从斜上方的叶片开始更换变桨轴承与轮毂连接螺栓。用液压扳手将变桨轴承与轮毂连接法兰面上连接螺栓拧松。注意每隔 1 颗螺栓拧松 1 颗，拧松力矩根据机组要求确定。然后，用活动扳手将六角头螺栓拧出。

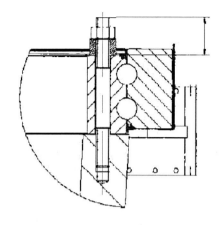

图 2-1 螺栓安装图

图 2-2 固体润滑膏涂抹方法示意图

（4）手工旋入双头螺柱，有内六方孔侧螺纹端（带产品标志）在外，另一端旋入轮毂，确保双头螺柱露出法兰表面部分 Hmm，H 根据机组要求确定，安装加厚垫圈，见图 2-1。

（5）双头螺柱与螺母旋合的螺纹部分（有内六方孔侧螺纹端）、螺母与垫圈的接触面都要用毛刷涂抹适量的固体润滑膏，见图 2-2、图 2-3。

（6）27 颗螺栓更换为新双头螺柱后，使用液压扳手，按初拧和终拧两遍力矩将所有新更换的双头螺柱预紧。初拧力矩和终拧力矩要根据机组要求确定。并用记号笔做好防松标记。

（7）更换此叶片其余的 27 颗六角头螺栓，方法同上。

（8）其余两支叶片的变桨轴承与轮毂连接螺栓更换方法同上。

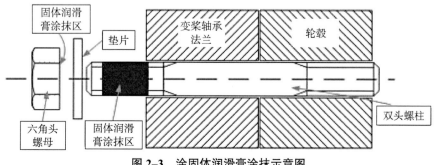

图 2-3 涂固体润滑膏涂抹示意图

（9）螺母、垫片和双头螺柱外露部分须进行二次防腐处理，一般采用喷涂或刷涂防锈油方式。先用清洗剂清理螺母、垫片和螺栓头的污渍，然后喷涂或刷涂防锈油，防锈油覆盖紧固件外露部分，均匀喷涂或刷涂两次。详见《风力发电机组紧固件施工防腐技术要求》。

（10）将工具、耗品、改造物资等妥善处置，清扫卫生、松开叶轮并正常启动风机。

（11）机组运行2~4周内，将更换后的双头螺柱重新拧紧一遍，施工力矩根据机组要求确定。如果有松动，拧紧后重新做防松标记。

机组年检时，要求对所有变桨轴承与轮毂连接螺栓采用力矩（力矩值根据机组要求确定）进行拧紧，并进行防腐作业。

注意事项：

（1）双头螺柱手动旋入困难时，必须将其退出后用丝锥过丝处理。

（2）同一法兰面上变桨轴承与轮毂连接螺栓更换工作，应在一天内完成。

（3）变桨轴承与轮毂连接螺栓更换质量控制检验单。

（三）叶片更换螺栓连接质量控制

螺栓更换质量控制检验单，见表2-4。

二、叶片异常噪音的产生及判断方法

如果叶片发出哨声，可能是由于前缘或叶尖的涂层出现孔洞或飞边造成的。应由技术熟练的玻璃纤维专业人员将其修复或清除。

因叶片内部脱落的聚氨酯小颗粒产生"沙拉""沙拉"的声音，这是正常的，仅在叶片缓慢运转时才可以听到。

如果叶片发出很大的哨声，这可能是由于叶片已经被雷电击坏了。在这种情况下，应检查叶片外壳是否已经开裂。例如，叶尖或后缘。雷击损害的痕迹如下所示。

① 叶片表面的黑色火痕。从远处看，黑色的火痕看起来像油点。

② 开裂的后缘或叶尖。

③ 后缘上的纵向裂痕，带有脆性破裂。

④ 涂层表面的纵向裂痕。

⑤ 外壳和翼梁之间的分层。

⑥ 外壳夹层分层。

⑦ 当风轮慢慢转动时，从叶片内部发出"咔嗒""咔嗒"声。

前三项通常可以从地面或机舱内观察位置，最好使用小型的双筒望远镜。如果从地面上观察即可确定应该拆下叶片，那么在叶片拆下来之前，就不需要再进行检查。只有在无法确定是否损坏时，才应采用吊架或提升机对叶片进行检查。

表 2–4　螺栓更换质量控制检验单

变桨轴承与轮毂连接螺栓更换质量控制检验单							
项目名称					机位号		
机组配置	塔筒高度： 叶片型号：		叶轮直径： 变桨系统：		更换时间		
作业人员					技术指导		
序号	检查项目	检查内容	分级	技术要求	检查方法	检查结果	备注
1	工具、耗品、物资准备	数量、型号	B	螺栓更换需要的工具、耗品，物资详见《作业指导书》	目测		
2	更换准备	作业风速检查	A	平均风速（轮毂中心高）≤ 8 m/s；无雨雪、雷电等恶劣天气	机组风速	风速：	
3	提升机	性能	A	提升机固定牢靠、上升及下降功能正常、使用不超150 Kg	实操、目测		
4	叶轮锁定	叶轮锁定可靠	A	两个叶轮锁定销锁入发电机刹车盘底端	目测		
5	1# 变桨六角头螺栓拆卸	拆卸方式	A	对1#变桨的变桨轴承与轮毂连接螺栓每隔1颗拆卸1颗，首次拆卸累计27颗六角头螺栓	实操		

表 2-4（续表）

变浆轴承与轮毂连接螺栓更换质量控制检验单							
项目名称					机位号		
机组配置	塔筒高度： 叶片型号：			叶轮直径： 变浆系统：	更换时间		
作业人员					技术指导		
序号	检查项目	检查内容	分级	技术要求	检查方法	检查结果	备注
6	1# 变浆双头螺柱安装	双头螺柱、加厚垫片、螺母安装方向、规格符合要求	A	双头螺柱方向：螺栓不含内六方孔一侧穿过法兰孔，含内六方孔一侧朝外；螺母上有文字的一侧朝外；螺纹露出法兰面长度 H；注意在双头螺柱手动旋入困难时，将其退出后用丝锥过丝处理	实操、卷尺		
7	1# 变浆固体润滑膏涂抹	涂抹位置、效果	A	双头螺柱有内六方孔的一侧螺纹部位，涂抹长度为螺纹啮合长度。需在螺栓螺纹部分及加厚垫片与螺母接触面涂抹	卷尺、目测		
8	1# 变浆双头螺柱力矩初拧、终拧	力矩值	A	对更换的双头螺柱使用初拧力矩预紧；调整更换后的双头螺柱力矩值调定，进行终拧；检验合格后，用记号笔对螺栓作防松标记，标记线宽度为 3 ~ 4 mm，长度为 15 ~ 20 mm	实操		序号 5~8 的作业在一天内完成
9	2# 变浆螺栓更换	同 1# 变浆 5~8 项	A	同表格中 1# 变浆 5~8 项	实操		
10	3# 变浆螺栓更换	同 1# 变浆 5~8 项	A	同表格中 1# 变浆 5~8 项	实操		
11	螺栓防腐	涂抹位置、效果	A	要求使用毛刷蘸取 MD 硬膜防锈油对螺母和双头螺柱外露的螺纹部分采用全面包含的方式进行涂抹	实操		
12	整理工具、卫生，松开叶轮	工具清点、打扫卫生，松开叶轮	A	对涉及变浆轴承与轮毂连接螺栓改造的工具、耗品、废旧物资进行清点，打扫轮毂卫生并妥善处置，松开叶轮	实操、目测		

表 2–4（续表）

变桨轴承与轮毂连接螺栓更换质量控制检验单							
项目名称					机位号		
机组配置	塔筒高度： 叶片型号：		叶轮直径： 变桨系统：		更换时间		
作业人员					技术指导		
序号	检查项目	检查内容	分级	技术要求	检查方法	检查结果	备注
13	力矩复检	力矩值	A	机组运行 2~4 周内，对更换后的所有螺栓进行力矩复检，复检力矩	实操		
验收结论及存在的问题：							

思考题：

1. 简述叶片零位的检查方法。

2. 简述叶片螺栓的更换方法。

3. 叶片异常噪音都有哪些来源？

第三章 机舱保养维修

1. 能够根据废油脂分析报告判断主轴轴承磨损情况。

2. 能够根据齿轮箱油样分析报告判定是否更换润滑油。

3. 能使用内窥镜检查齿轮箱内部零件。

4. 能使用激光对中仪检验联轴器对中度的变化，并调整齿轮箱和发电机的安装位置。

5. 掌握弹性联轴器整个膜片组的更换方法。

6. 掌握液压缸密封圈的更换方法。

7. 掌握提升机故障的处理方法及碳刷的更换方法。

8. 掌握偏航电机、减速器及制动器的更换方法。

9. 掌握联轴器的更换方法。

10. 掌握偏航电机电磁刹车的调整方法。

11. 掌握减速箱小齿轮、偏航轴承齿轮齿面点蚀、塑性变形、裂纹和腐蚀等问题的修复方法。

12. 能够判断偏航轴承异常噪音并掌握排除方法。

13. 能够解决偏航系统压力不稳、管路泄漏的问题。

14. 能够解决偏航制动器制动力矩减小的问题。

15. 能够解决偏航减速箱电动机轴承过热、振动及噪声等问题。

16. 掌握发电机异响的判断方法。

第一节　机舱关键部件调整和更换

一、根据废油脂分析报告判断主轴轴承磨损情况

下面以某型号润滑油为例，对油品售后检测控制指标进行介绍，见表 3–1。

表 3–1　润滑脂检测控制指标

项目名称	检测方法	单　位	控制指标
铜片腐蚀	GB/T 5096	—	1
锥入度	GB/T 269	1/10 mm	< 45
滴点	GB/T 3498	℃	< 15
水分	DIN 51811	ppm	< 2000
元素分析	ICP2（RFA/XRF）见报告	—	—

（一）铜片腐蚀

铜片腐蚀试验,这是目前工业润滑油最主要的腐蚀性测定法。试验方法概要：把一块已磨光的铜片浸没在一定量的试样中，并按产品标准要求加热到指定的温度，保持一定的时间。根据腐蚀程度确定腐蚀级别。腐蚀程度共分 4 级，1 级腐蚀程度最轻，4 级腐蚀最严重。

（二）锥入度

锥入度是衡量润滑脂稠度及软硬程度的指标，它是指在规定的负荷、时间和温度条件下锥体落入试样的深度。其单位以 0.1 mm 表示，锥入度值越大，表示润滑脂越软，反之就越硬。

（三）滴点

滴点是指其在规定条件下达到一定流动性时的最低温度，用℃表示。滴点是

在标准条件下，润滑脂从半固体变成液体状态的温度。对于润滑脂，在规定的条件下加热，润滑脂随温度的升高而变软。从仪器的脂杯中滴下第一滴或成柱状触及试管底部时的温度（从固态变成液态的温度点），称为润滑脂的滴点。润滑脂的滴点是考察润滑脂高温状态下的成脂能力。

（四）水分

水分是指油品中的含水量，以重量百分数表示。润滑油中混入水分后易产泡沫而堵塞油道，还会提高润滑油的凝点，不利于低温流动性能。同时，水分也会减弱油膜的强度，降低润滑性能，导致机件磨损。

水分会与落入润滑油中的铁屑作用生成铁皂，铁皂与润滑油中的尘土、机渍和胶质等污染物混合而生成油泥。油泥聚积在润滑油系统油道以及各种滤清器的滤网内，造成各摩擦表面供油不足，加速轴承的磨损。

润滑油中的水分还会吸收燃烧室废气中的含硫氧化物和低分子有机酸，加剧对金属的腐蚀。

（五）元素分析

光谱元素分析技术可以有效地测定机械设备润滑系统中润滑油所含的元素成分及其含量。如果光谱元素 Fe 含量非常高，应取样进行铁谱分析；若在发现大量的大尺寸疲劳磨损颗粒，且表面有高温氧化的痕迹，说明轴承已经发生严重磨损，应采取更换等有效措施。

轴承发生异常磨损且较严重程度时，会出现异响或噪声，油温会升高，振动加剧。因此，当出现相关异常征兆时，应引起现场工程师的高度重视。

二、润滑油更换标准

不同油品检测机构所检查项目会有差异，以某型号润滑油主要控制指标（见表 3-2）为例进行介绍，具体数值应咨询油品供应商。

表 3-2　润滑脂检测控制指标

项目名称	检测方法	典型值	单　一位	控制指标
外观	目测	透明液体	—	澄清透明
颜色	ASTM D1500	< 1	—	0~8
粘度 40℃	ASTM 445	328	mm²/s	± 15%
粘度 100℃	ASTM 445	42.7	mm²/s	见报告
粘度指数	ASTM2270	184	—	- 20%
水含量	—	< 300	ppm	≤ 1000 ppm
清洁度		≤ - /15/12	—	见报告
酸值	ASTM D 974	0.55	mgKOH/g	< 2.0
PQ 指数	FLV-F-15	—	—	< 100
磷含量（P）		216	mg/kg（ppm）	> 150
铁含量（Fe）		0	mg/kg（ppm）	< 100
铝含量（Al）		0	mg/kg（ppm）	< 20
锌含量（Zn）		0	mg/kg（ppm）	< 50
铜含量（Cu）	—	0	mg/kg（ppm）	< 50
铬含量（Cr）		0	mg/kg（ppm）	< 20
硅含量（Si）		0	mg/kg（ppm）	< 30
镁含量（Mg）		0	mg/kg（ppm）	< 50
钼含量（Mo）		0	mg/kg（ppm）	< 100

（一）外观和颜色

风电用润滑油一般为澄清透明液体，如运行过程发现油品发黑、浑浊，应立即抽样送检。

（二）粘度和粘度指数

粘度是润滑油最重要的指标。油品粘度的变化反映了其在使用过程中的变质程度。表中给出了 40℃的控制指标，100℃控制指标应与油品供应商沟通确定。当抽检发现粘度与正常指标相差较大时，应与油品供应商交流，确定是否需要换油。

（三）水含量

水分会降低润滑油的粘度，造成添加剂失效，使其相应功能下降。混入的水分还会与油和其他污染物生成油泥，影响油品过滤，堵塞油道和滤网，使供油失效而发生故障。水分混入润滑油经搅拌后使润滑油形成乳浊液并生成泡沫，这个过程叫乳化。乳浊液影响润滑性能，加速润滑油变质，并在两相界面上吸附机械杂质，污损摩擦表面，加剧部件磨损，影响润滑油压力。当水分超过 0.5% 时，应查明原因，同时用滑油分油机予以处理。因此，应严格控制润滑油中的水含量百分比。

（四）清洁度

油品出厂时清洁度一般要求 ISO 15/12，运维过程中油品抽样检查标准目前并没有统一标准。油品是否可用，需要与其他指标综合来判定，应与油品供应商交流确定。

（五）总酸值和强酸值

酸值对新油和旧油来说都是一个很关键的指标。对新油来说，酸值代表了基础油的精制程度和酸性添加剂的加入量；对于在用油，酸值代表了油品在储运和使用过程中氧化变质的程度。酸值过大说明油品氧化变质严重或添加剂已经耗尽，应该考虑换油。

由于总酸值受油品添加剂影响，不同厂家、不同牌号的添加剂千差万别，故总酸值没有具体的控制标准。但可以通过同牌号油品或与同设备的历史送检数据对比，判断其变化趋势，从而判断油品的劣化或添加剂的消耗。长期监测此项目可有效监测油品氧化变质情况。

（六）PQ 值

PQ 指数是表示油中铁磁性磨损颗粒浓度的约定量值，代表的是磨损程度。其数值大小与样品中的铁磁性颗粒含量和尺寸呈线性关系，PQ 指数越大，表明油中的铁系磨损颗粒越多，或者油中含有铁磁性大颗粒，设备的磨损越严重。当

PQ 指数及 Fe 元素含量较高，则可能存在油品污染和磨损现象，不建议继续使用，应予以更换。

（七）元素分析

光谱元素分析技术可以有效地测定机械设备润滑系统中润滑油所含的元素成分及其含量。光谱元素分析中主要分为污染元素分析与金属元素分析。

对于齿轮箱而言，箱体一般为铸铁，齿轮一般为钢，磨损金属主要是 Fe 元素。

三、齿轮箱内部零件检查

使用内窥镜对齿轮箱内部齿面（见图 3–1）和轴承状态（见图 3–2）进行检查。检查齿面是否有点蚀、磨损、断齿、裂纹等缺陷，检查轴承滚子是否有碎裂、磨损和保持架变形等失效形式。

内窥镜检查应重点对以下位置进行检查，并拍照记录。

（一）行星级内齿圈、行星轮

（1）检查内齿圈齿面磨损及断齿情况。
（2）检查行星轮齿面磨损及断齿情况。

（二）行星轮轴承

（1）检查行星轮轴承端面、滚子受损情况。

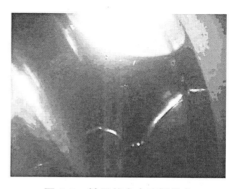

图 3–1　齿面啮合内窥镜检查　　　　图 3–2　轴承状态内窥镜检查

（2）检查轴承保持架是否有变形。

（三）平行级齿轮副

（1）平行级高速轴、低速轴各齿面啮合情况。

（2）对齿面磨损程度进行检查和判定。

（3）检查断齿情况，并给出断齿范围描述。

（四）平行级齿轮轴承端面

（1）检查轴承滚子端面磨痕情况。

（2）检查轴承滚子是否有碎裂情况发生。

（3）检查轴承保持架是否变形。

（五）箱体内部检查

（1）检查箱体内部是否有异物存在。

（2）检查各油管喷油嘴是否存在异常情况。

（3）检查箱体内润滑油的颜色是否存在异常情况。

四、检验联轴器对中度的变化，调整齿轮箱和发电机的安装位置

联轴器不对中会严重影响联轴器使用寿命，影响机组正常运行。因此，必须定期对联轴器对中性进行检查。联轴器对中应有规则地控制，为保证联轴器的使用寿命，必须每年使用激光对中仪进行对中检测。

（一）对中仪安装

（1）激光对中仪探头分为静子与动子两个探头，分别标有 S 或 M 字母。首先，将标有动子探头使用燕尾槽及链条固定在发电机侧，安装位置为发电机侧联轴器法兰盘紧定套上，见图3-3。

（2）安装到位后，将旋钮拧紧，用手晃动燕尾槽，确保燕尾槽不会移动。

（3）将标有 S 字母的静子安装到高速刹车盘上。

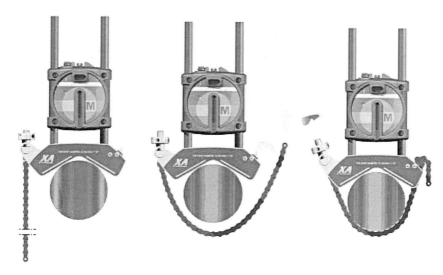

图 3–3　对中仪安装

（4）完成上述两步后，将探头与对中仪主机用数据线连接。连接时，注意接头的方向及卡槽位置，不得蛮力插接，防止损坏插针。连接好后，接通对中仪电源，打开对中仪。

（5）旋转电机轴和齿轮箱高速轴，将探头旋转到 12 点钟位置。通过调整探头的上下位置，使两探头发射的激光分别落在静子和动子的接收区域内，见图 3–4。

（6）按照同样的方法，将探头旋转到 3 点钟和 9 点钟位置，使两探头发射的激光分别落在静子和动子的接收区域内。若发射的激光不能落在接收区域内，且对中仪上显示的位移差较大，应通过调整发电机的左右位置，使两探头发射的激光分别落在静子和动子的接收区域内。

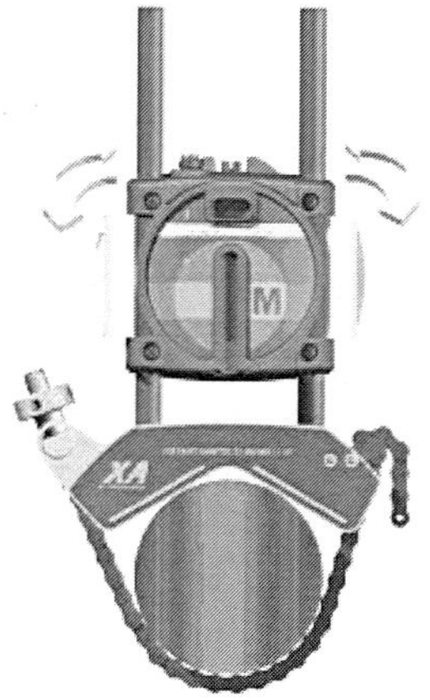

图 3–4　调整探头的上下位置

（7）在 3 点钟和 9 点钟方向调整后，再旋转到 12 点钟方向，复核一次。确保在时钟法的选点位置上，探头发射的激光都能落在接收区域内。

（二）取点测量

采用时钟法选点，将静子和动子依次旋转到9点钟、3点钟和12点钟方向进行取点。取点中，注意要保证角度值分别精确定位在－90°、90°和0°，且在这个过程中不得碰到探头，防止探头移位造成误差。如在此过程中探头被碰触移位，那么必须从第一点开始重新进行测量点记录。

取点结束后，系统会根据输入的关键尺寸和三个登记点的相对位置，计算出当前结果。

（三）位置调整

测量结果以图3–5为例，在此图中，上面两行显示的是垂直方向的角度和偏移距离，下面两行显示的是水平方向的角度和距离。

通过调整发电机与机架之间的弹性支撑来调整联轴器角度、径向、轴向偏差，使该三个参数在机组设计值范围内，见图3–6。

根据屏幕指示，使用液压抬升装置将对应地脚抬高，顺时针方向旋转弹性支撑上的大螺母，该地脚被降低；逆时针旋转，则地脚被升高。大螺母旋转一圈，地脚改变2 mm，据此可确定地脚升高或降低的圈数，调整垂直方向上的偏差。直到角度偏差接近0，偏移小于0.1后，将动子和静子旋转到3点钟或9点钟方向，调整横向偏差。横向偏差调整是通过工装顶电机来完成的。调整到角度偏差接近0，偏移小于0.1。此时，使用距离标准杆，复测电机轴端与高速轴端的距离是否满足要求，见图3–7。如距离不满足，则调整电机的前后距离，直到其距离符合

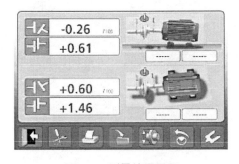

图3–5　测量结果显示

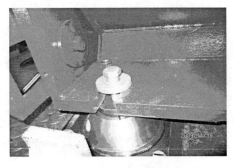

图3–6　发电机弹性支撑

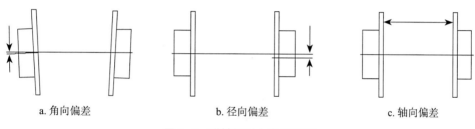

a.角向偏差　　　　　　　b.径向偏差　　　　　　　c.轴向偏差

图 3-7　联轴器对中参数调整

标准杆的要求。

五、弹性联轴器整个膜片组的更换（见图 3-8）

确保系统已经处于安装停机状态，叶轮已经锁定，清洁联轴器表面及联轴器与发电机侧、齿轮箱侧各连接位置处，将吊带套在联轴器中部，调整吊车位置，拉直吊带。

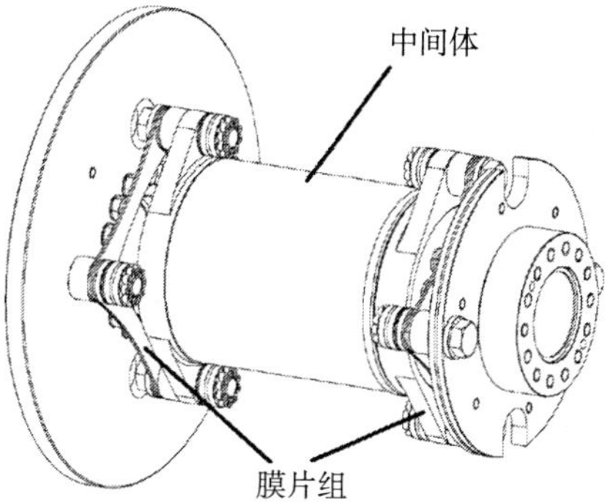

（一）中间体的拆卸

（1）在拆卸中间体之前，应采取措施以防中间体在拆卸过程中坠落。

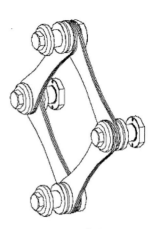

中间体

膜片组

图 3-8　弹性联轴器结构

（2）拧松中间体膜片组上的 4 个六角螺栓，从膜片组上取下。

（3）将螺纹套从中间体上推出，使之与膜片组脱离。

（4）卸下中间体。

（二）膜片组更换

分别拧松齿轮箱侧制动盘和发电机侧胀紧轴套的膜片组螺栓，膜片组见图 3-9。退出螺纹套（可用 2

图 3-9　膜片组

个 M8 的螺钉拧入，从膜片的孔中顶出螺纹套）。这时，所有的单片膜片都可拆卸。

在安装新膜片时，分别从齿轮箱侧制动盘和发电机侧胀紧轴套处先装好，并确保每片膜片及其附件的正确安装位置。按规定力矩拧紧所有的六角螺栓。为避免螺栓松动，需使用螺纹防松胶（如乐泰 243）。

（三）中间体的安装（见图 3-10）

盘动齿轮箱侧组件和发电机侧组件，使两边的膜片组上的固定螺栓对准在一条直线上。

在最初安装的时候，不要给锁紧螺母、紧固小螺钉和固定螺栓上油，因为在供货时它们已经分别被涂有润滑涂层或薄润滑油。在拆卸后重新组装时，若要润滑，推荐使用少许很薄的油润滑，并穿入 4 个固定螺栓。

装入中间体，手工初步拧紧固定螺栓和锁紧螺母，务必让力矩限制装置在发电机一侧。

（四）联轴器防腐

在联轴器安装完后，转动的区域要保留由腐蚀防护蜡组成的均匀薄层，来提供长期、可靠的腐蚀保护（如通用腐蚀保护剂 Rivolta K.S.P.317）。

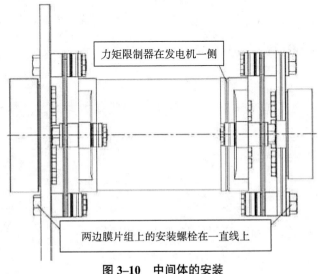

力矩限制器在发电机一侧

两边膜片组上的安装螺栓在一直线上

图 3-10　中间体的安装

六、液压缸密封圈的更换

更换密封件时，需要先将制动器的缸体从制动器上取下来，具体的更换步骤如下。

（1）将制动器的油压释放。

（2）为了便于更换操作，先取下制动器和液压站相连的接头和泄油口的透明塑料管。

（3）切断衬垫磨损限位开关电源，并取下限位开关。

（4）液压缸见图3-11。拆下缸体上的主动侧复位弹簧组件、间隙调整螺栓组件。用力矩扳手拆下缸体连接螺栓，将缸体组件拆下，平放在干净的工作平面上。

（5）拆下主动侧制动衬垫。

（6）用吊环螺钉旋进活塞端面的螺纹孔（见图3-12），或从压力油口充气使

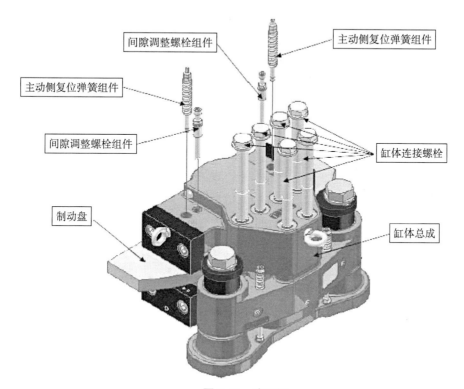

图3-11 液压缸

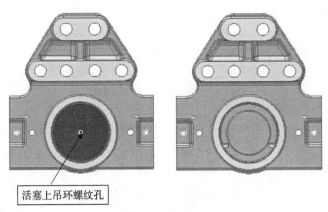

活塞上吊环螺纹孔

图 3-12　活塞端面

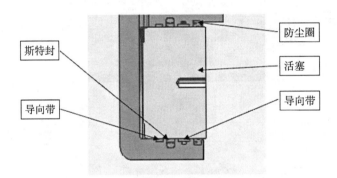

图 3-13　密封件

活塞和缸体分离。

（7）除去缸体中的油液，将其收集到合适的地方以便回收。

（8）从缸体中取出所有破损的密封件，见图 3-13。

（9）清洁放置密封件的沟槽，避免残留物破坏新的密封件。

（10）将新的密封件装到相应的位置，注意一定要将密封件装到正确的位置。密封件必须成套更换，否则制动器将不能正常工作。

（11）调整密封件的位置，使密封件与沟槽贴合平顺。

（12）小心地将活塞装回缸体。在活塞插入缸体之前，严格检查活塞表面。已经损坏的活塞不能再次使用，它可能损坏密封件，造成再次泄漏。

（13）安装制动器并调试制动器。

七、机舱内提升机故障

机舱内提升机常见故障模式和处理措施，见表3-3。

表3-3 提升机故障及处理措施

故障现象	可能原因	排除方法
操作按钮开关，但电机不转动	电源未接通； 接线这段或线头松脱； 开关失灵； 控制变压器损坏	接通电源； 重新接好和紧固松脱螺栓； 修复或更换开关； 更换控制变压器
上升、下降至极限位置不停机	限位开关损坏	更换限位开关
按钮开、关时，电机杂声大，不能正常起吊	电压低； 电机缺相运转	调整电源电压； 查找缺相原因，并修复
制动器不动作	制动器接头松脱； 线圈内部损坏； 制动器工作气隙过大； 整流器损坏； 接触器辅助触点损坏	重新紧固松脱螺栓； 重绕线圈或更换电磁铁； 重新调整工作气隙； 更换整流器； 更换辅助触点
刹车不牢，下滑量过大	摩擦片磨损量超过工作气隙最大值； 制动力矩减小； 摩擦片损坏	重新调整工作气隙或更换制动盘； 重新调节力矩； 更换新制动盘
噪声异常过大，链条发卡	缺少润滑脂； 长期使用后齿轮、轴承损坏； 拆卸后装配不合理； 链条导向部分损坏	补充润滑油； 检查调换齿轮及轴承； 重新合理装配调试； 更换链条导向部件
机壳带电	接零保护线段； 内电源线接触壳体； 电机受潮或绝缘老化	检查并修复接零保护线； 检查修复内接电源线； 进行干燥处理，重新浸漆烘干

八、发电机碳刷磨损情况

应定期检查碳刷，一般更换周期为6个月，或在电刷监控系统反馈时进行碳刷更换。

在电机停机静止时，打开滑环室侧盖，检查电刷状态，逐个取下。检查碳刷摩擦面是否光滑，正常运行状态下，碳刷摩擦面比较光洁。为了更好地判断碳刷状况，应同时检查滑环的状况。检查碳刷是否严重磨损，当发现碳刷磨损剩余量小于 1/3 时，须立即更换。更换时，须更换同一型号规格的碳刷。

更换步骤如下所示。

（1）新碳刷需要在电机外进行预磨，磨出滑环面的弧度，再把电刷装入刷握，检查碳刷导向和运行。

（2）用砂纸带或玻璃纸包住滑环，纸带宽度约 200 mm。

（3）按电机旋转的方向将碳刷按组排列预磨，开始用粗纤维，最后用细砂纸进行精磨。

（4）反复磨，直到电刷接触面积达到 80% 以上。

（5）磨完后，再用无纤维软布擦拭磨屑。

（6）重新安装好碳刷，应保证刷子能在刷握里活动自如，工作声音正常。

九、偏航电机、减速器及制动器的更换

（一）偏航电机、减速器更换

1. 标记安装位置

标记偏航电机接线盒、接线板及减速器的安装位置，见图 3-14。减速器安装位置标记以减速器连接法兰圆周上的"※"为参照位置。此处是偏心圆盘的圆周面到偏航减速器中心轴的距离最远点，称为大端。用记号笔在对应的底座上做

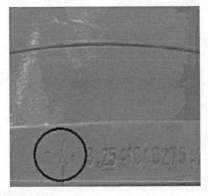

图 3-14 航电机接线盒、接线板及减速器的安装位置

出标记,安装新减速器时,按照标记进行安装。

2. 拆卸偏航电机

(1)断开偏航电机的电源开关。

(2)拆卸偏航电机与减速器的 4 个连接螺栓。

(3)减速器一般均设计有拆卸孔,通过拆卸孔旋转螺栓,使电机与减速器分离。

(4)在机舱平台上放置垫子,用提升机提起该电机并将其放置在垫子上。

3. 拆卸减速器(见图 3–15)

(1)用力矩扳手拆卸偏航减速器与底座的连接螺栓。

(2)将吊带和卸扣安装在减速器的吊装支撑板上。

(3)在机舱平台上放置垫子,用提升机提起减速器,并将其放置在垫子上。

4. 安装偏航减速器

(1)用清洗剂和大布将偏航减速器的安装面清洗干净。

(2)润滑油检查。检查偏航减速器的油位,油位应处于油窗的 1/2~2/3 处。若润滑油过多,则放油至油窗 1/2~2/3 处;若润滑油过少,则加油至油窗 1/2~2/3 处。

(3)用清洗剂将底座上安装偏航减速器的安装孔内表面清洗干净。

(4)用 2 个 1 t 的卸扣和 1 根 1 t–3 m 的吊带安装在减速器的吊装支撑板上,用提升机将减速器吊到底座安装孔处。在偏航减速器调整盘裸露的金属面,均匀地涂抹一层固体润滑膏,使偏航减速器的偏心圆盘大、小端的中间位置处在齿轮啮合位置,并使其安装孔和底座螺纹孔对正。

图 3–15　减速器拆卸示意图

（5）用 4 个内六角圆柱头螺钉 M18×115 – 10.9 和 4 个垫圈 18 将偏航减速器安装到底座上，对称紧固。

5. 安装偏航电机

（1）用提升机将偏航电机提升至减速器的正上方，调整电机的位置，使键与键槽对齐。缓慢放下电机，使其安装到位。

（2）安装偏航电机与减速器的连接螺栓，螺栓的螺纹部分涂螺纹锁固胶。

（3）闭合偏航电机的电源开关。

6. 调整齿侧间隙

找到偏航轴承齿顶圆的最大标记处（涂绿油漆处），在该处调整齿侧间隙。采用压铅丝法测量齿侧间隙，调整大小齿轮的齿侧啮合的双边间隙为 0.50 ~ 0.90 mm。具体步骤如下。

（1）先将两个铅丝在齿轮齿长方向对称放置，上下铅丝距齿轮的上下端面的距离均为 L = 20 ~ 30 mm，见图 3–16。

（2）启动偏航电机驱动偏航小齿轮碾压铅丝，测量铅丝的双面厚度（即为齿侧间隙）。

（3）若间隙偏小，则将偏航减速器大端（"※"或其他形式的标识位置）向远离大齿方向旋转；若间隙偏大，则将偏航减速器大端（"※"或其他形式的标识位置）向靠近大齿方向旋转。

7. 防腐处理

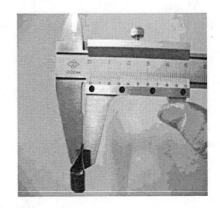

图 3–16　齿侧间隙的测量

将底座上安装偏航减速器的两个安装孔内表面和偏航减速器调整盘裸露的金属面清洗干净。用毛刷涂刷 MD– 硬膜防锈油。要求清洁、均匀、无气泡。

8. 固定螺栓

（1）偏航减速器的齿侧间隙调整合适后，用螺栓将偏航减速器固定到底座上。

（2）在螺钉螺纹旋合部分及螺钉头与平垫圈接触面涂固体润滑膏。

（3）紧固所有螺钉，螺钉紧固顺序为十字对称紧固。

（4）分两次打力矩：T1 = 50% 额定扭矩，T2 = 100% 额定扭矩。

9. 后处理

螺栓的力矩值检查合格后，用毛刷在每个螺栓和垫圈的裸露表面均匀地涂抹 MD – 硬膜防锈油，要求清洁、均匀、无气泡。用毛刷在偏航轴承大齿及减速器驱动小齿的上下端面，均匀地涂抹一层 MD – 硬膜防锈油，要求清洁、均匀、无气泡，见图 3–17。检查偏航减速器外表面油漆是否有脱落。如果需要，补刷脱落的油漆，油漆的颜色要一致。

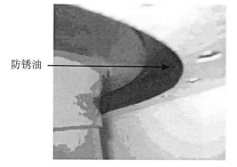

图 3–17 防锈油的涂抹

（二）更换制动器

1. 拆卸下闸体

（1）用液压扳手和套筒旋松 12 颗紧固螺栓，并用电动扳手拆卸其中的 10 颗螺栓，余留两颗对角螺栓（以 A、B 表示），见图 3–18。

（2）将液压运送器放置于该制动器正下方，脚踩脚踏板使液压运送器托住下闸体，见图 3–19。

（3）拆卸螺栓 B，并将下闸体旋出，见图 3–20。

（4）取下闸体上的 O 型密封圈，见图 3–21，并保存好。

（5）安装螺栓 B，旋入大概 10 mm，防止上闸体跌落，见图 3–22。

（6）拆卸螺栓 A，并逆时针方向缓缓旋动运送器的压力制动杆进行泄压，使

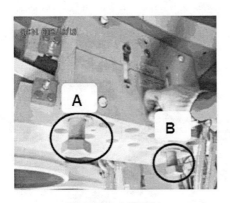

图 3–18　余留螺栓

图 3–19　托住下闸体

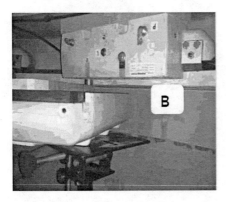

图 3–20　旋出下闸体

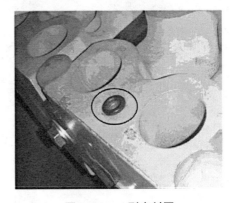

图 3–21　O 型密封圈

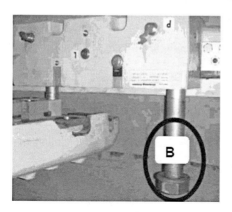

图 3–22 安装螺栓

图 3–23 液压杆回位

图 3–24 安装吊耳

图 3–25 拔出锁定销

液压杆回位，见图 3–23。

（7）移动液压运送器至图 1 中的盖板孔正下方，并安装吊耳，见图 3–24。

（8）拔出提升机铰接处的 2 个锁定销，并缓慢旋转提升机至底座盖门处，见图 3–25。

（9）用提升机提升闸体并放置在机舱平台上，见图 3–26。

2. 拆卸上闸体

脚踩踏板使液压运送器托住上闸体，并拆卸螺栓 B，见图 3–27。缓慢将上闸体移至托盘中心，将液压杆回位。上闸体与底座之间有调整垫片，需要保存好。将制动器运送到图 1 盖板孔处，用提升机将上闸体提升至机舱平台上。

图 3-26　提升闸体

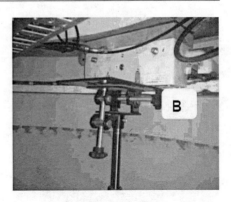

图 3-27　拆卸螺栓

图 3-28　安装螺栓

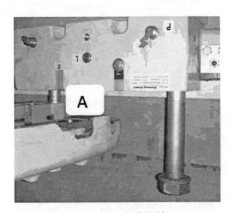

图 3-29　安装螺栓

3. 安装上闸体

借助液压运送器将闸体放置在刹车盘上，将调整垫片安装在闸体与底座之间，并安装螺栓 B，手动旋紧即可，见图 3-28。

4. 安装下闸体

将闸体运送至需要安装的位置。脚踩踏板使下闸体接近上闸体位置，安装螺栓 A，并拧至螺栓头部与下闸体贴合，见图 3-29。

将 O 型密封圈装入下闸体，拆卸图 28 中螺栓 B，旋转下闸体使其和上闸体对齐，安装其余螺栓，螺栓分三次紧固螺栓。

5. 更换下闸体

按照上述方法拆卸和安装下闸体。

6. 安装油管

依次安装油管，并旋紧油管接头。

7. 恢复油压

用 5 mm 内六方顺时针旋紧手阀 16.7 和手阀 8，并闭合液压泵电源开关。按下机舱柜上的"复位"按钮，观察制动器的油管处应无漏油。

8. 补加液压油

旋开油箱的加油口盖子，补加液压油。

9. 清理工作面

将液压油及粉尘擦拭干净，并清理工具。

10. 启机

启动风机，观察有无异常情况。

十、联轴器的检查及更换

（一）对联轴器进行维护检查

1. 外观检查

（1）检查联轴器罩是否完好。

（2）检查联轴器外表是否有损坏现象。

（3）检查联轴器防腐层有无破坏。

（4）检查联轴器表面清洁度。

（5）检查联轴器力矩限制器是否发生连续、频繁打滑。

2. 螺栓检查

首先，分别检查齿轮箱—联轴器法兰盘、发电机—联轴器的连接螺栓，以规定力矩检查连接螺栓。每检查完一个，用记号笔在螺栓头处做一个圆圈标记。

其次，检查联轴器螺栓和膜片。检查膜片组安装螺栓是否松动（目视检查）。如有异常，就应检查其拧紧力矩。检查联轴器膜片是否有损坏，单片膜片破裂就必须更换整个膜片组，并且检查相应的连接法兰，确保没有损坏。见图 3–30。

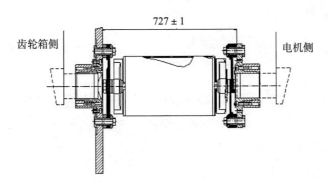

图 3–30　电机和齿轮箱剖面图

图 3–31　对中检测

3. 对中检测

重点检查齿轮箱侧制动盘到发电机侧端法兰的距离，满足设计值要求。

由于机器弹性层（橡胶金属）随着承载时间的增长而老化，联轴器对中应有规则地控制。为保证联轴器的使用寿命，必须每年使用激光对中仪进行对中检测，见图 3–31。

（二）联轴器的更换

1. 联轴器的拆除

（1）在拆装联轴器时应防止部件坠落。

（2）应均匀地逐渐依次拧松胀紧套上的螺钉。每次螺钉只可拧松半圈，防止预紧力集中在少数螺钉上而被拉断。

（3）将胀紧套上的螺钉拧松 4~5 圈。若有必要，可利用拆卸螺钉顶出胀紧环。

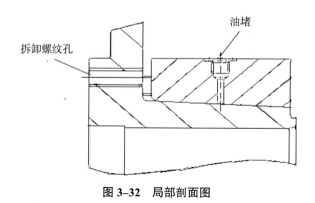

图 3–32　局部剖面图

见图 3–32。

（4）如果使用拆卸螺钉还不能松开胀紧环的话，可使用液压拆卸。

（5）拧下胀紧套外环上的油堵，通过 G1/4 螺纹压力口连接高压油泵，见图 3–32。

（6）使用高压油泵对胀紧套内的油槽加压，使胀紧套内外环松开。最大允许压力为 1700 bar，不得超过此压力值。

（7）将组件分别退出齿轮箱 / 发电机轴伸。

（8）如果胀紧套是使用液压拆卸的，那么胀紧套的锥面需要用油清洗和再次润滑。推荐使用含二硫化钼干性润滑油脂（multi-purpose fat Molykote G Rapid plus）润滑。

2. 齿轮箱侧组件的装配（见图 3–33）

（1）清洁胀紧套内孔表面和齿轮箱轴头表面，去油污。

（2）稍微拧松胀紧套内的 12 个胀紧螺栓 M16×70，使胀紧套松开。

（3）将齿轮箱侧联轴器组件（件 1）滑入齿轮箱轴头，按照制动器调整轴向位置。

（4）首先，用手拧紧胀紧套上的所有螺栓，然后用扭力扳手分几次对角逐渐拧紧胀紧轴套上的内六角螺栓 M16×70。第一次拧紧力矩设为 100 N·m，对角拧紧螺栓后，再挨个拧紧螺栓 2 圈。

（5）用相同的方法第二次拧紧到 200 N·m；最后为 250 N·m。为确保所有

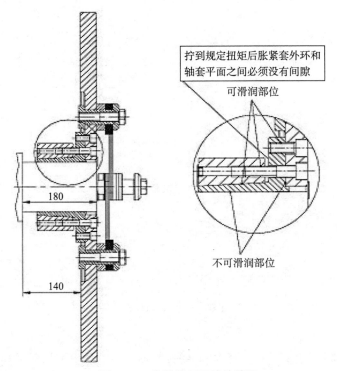

拧到规定扭矩后胀紧套外环和轴套平面之间必须没有间隙

可滑润部位

不可滑润部位

图 3-33 齿轮箱侧组件的装配

螺栓全部达到 250 N·m 的拧紧力矩，再挨个拧紧螺栓 2 圈。

（6）在拧紧所有胀紧螺栓后，胀紧套外环平面和轴套平面之间必须没有间隙。

3. 发电机侧组件的装配（见图 3-34）

（1）清洁胀紧套内孔表面和发电机轴头表面，去油污。

（2）稍微拧松胀紧套上的 12 个胀紧螺栓，使胀紧套松开。

（3）将发电机侧联轴器组件（件 3）滑入发电机轴头。调整安装尺寸达到 E = 727 ±1.0 mm。首先，用手拧紧胀紧套上的所有螺栓。然后，用扭力扳手分几次对角逐渐拧紧胀紧轴套上的内六角螺栓 M16×60。第一次拧紧力矩设为 100 N·m，对角拧紧螺栓后，再挨个拧紧螺栓 2 圈。用相同的方法第二次拧紧到 200 N·m，最后为 250 N·m。为确保所有螺栓全达到 250 N·m 的拧紧力矩，再挨个拧紧螺栓 2 圈。

（4）在拧紧所有胀紧螺栓后，胀紧套外环平面和轴套平面之间必须没有间隙。

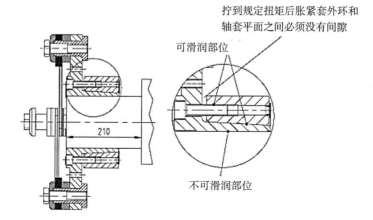

图 3–34　发电机侧组件的装配

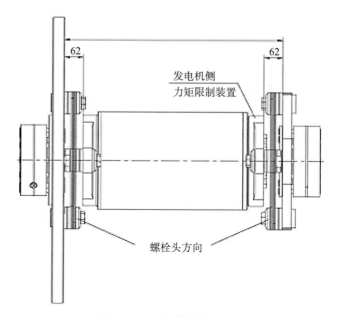

图 3–35　中间体的装配

4. 中间体的装配（见图 3–35）

（1）初次安装时，不要润滑六角螺栓和螺纹套，因为供货时已涂有润滑物质。在拆卸后，重新组装可使用少许薄的油来润滑。

（2）去除齿轮箱侧组件和发电机侧组件运输时所使用的木垫块。

（3）安装前，清洁中间体固定螺栓连接处的安装面和膜片组，去除油污，请再次检查已装好的制动盘侧和 RADEX–N 胀紧套之间的距离（盘动齿轮箱侧和发电机侧）。

（4）盘动齿轮箱侧组件和发电机侧组件，使两边的膜片组上的固定螺栓对准在一条直线上。

（5）装入中间体（件2），穿入4个螺纹套和螺栓，用手初步拧紧。务必让力矩限制装置在发电机一侧。

（6）拧紧所有的六角螺栓，拧紧力矩达到 840 N·m（拧紧时确保螺纹套不同时转动）。

（7）为避免螺栓松动，须使用螺纹防松胶（如乐泰243）。

十一、偏航电机电磁刹车的调整

由于转子使用后磨损所导致的制动器气隙偏差，因此必须首先确认转子厚度是否在允许范围之内。如磨损严重，则必须在更换新转子后再进行气隙调整。

（1）参照《制动器安装指导书》来安装制动器（见图3–36）。

（2）用相应的塞尺插入衔铁和定子之间，需绕制动器一圈检查，见图3–37，如0.3~0.35 mm。

（3）如果气隙超标，先拧松固定螺钉，见图3–38。

图3–36 安装制动器

（4）用开口扳手拧套筒螺栓，见图3–39，按顺时针方向旋转，则气隙加大；按逆时针方向旋转，则气隙减小。

（5）用相应的扭矩扳手拧紧螺钉，再次检查气隙。如气隙超差，则按本节内容重复进行调试，直至气隙合格。

图 3-37　检查制动器

图 3-38　拧松固定螺钉

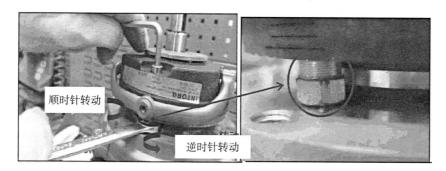

顺时针转动

逆时针转动

图 3-39　用开口扳手拧套筒螺栓

第二节　机舱故障分析与处理

一、减速箱小齿轮、偏航轴承齿轮齿面点锈蚀、擦伤、压痕和剥落等问题的修复

齿面修复所需耗材和工具包括手电、砂纸、油石、尼龙布和研磨机。

（一）典型齿面损伤修复

典型齿面损伤包括锈迹、擦伤和压痕等，见图 3-40。

a.齿面锈迹　　　　　　　b.齿面轻度擦伤　　　　　　　c.齿面压痕

图3-40　典型齿面损伤

（二）典型齿面损伤处理步骤

用油石将损伤表面打磨平滑。对于锈迹严重的损伤表面，可首先使用粗砂纸进行初步除锈，然后改用油石打磨。

用砂纸打磨，使损伤表面与未损伤表面圆滑过渡，使用砂纸由粗（#100）到细（#300）打磨。虽然不能完全去除表面损伤，但应尽可能将表面粗糙度细化。

（三）齿表面剥落的操作步骤

当减速器小齿轮或偏航轴承内齿出现齿面剥落，且剥落不影响产品性能时，应对齿面剥落损伤进行修复，以避免剥落进一步发展，引起产品失效。处理原则是使表面剥落边角部圆滑过渡，处理步骤如下。

（1）用研磨机粗磨齿面剥离区。研磨时，由中心区逐渐扩大研磨，逐步过渡到非剥落区。最终研磨的剥落区与过渡区面积之和约为剥落面积的1.5倍。

（2）用砂纸打磨，使损伤表面与未损伤表面圆滑过渡，使用砂纸由粗（#100）到细（#300）打磨。

（3）用油石打磨，使边角圆滑过渡。

二、偏航系统压力不稳，管路泄露的问题

（一）制动器中有气体，造成压力波动

（1）检查方法。将余压表接到偏航余压测试处，用维护手柄偏航，观察余压表的指针是否来回摆动。如果指针摆动，说明制动器里有气体。

（2）处理方法。用手动液压泵进行处理。

（3）手动控制偏航回油通路电磁阀得电吸和。手动按下液压泵相应接触器，使液压泵运行建压，制动器里的液压油流回到油箱，液压油循环流动就可以排出制动器里的气体。液压泵运转 3 分钟以后，查看余压表确认余压稳定。

（二）管路泄露问题的处理

1. 堵头处漏油（见图 3-41）

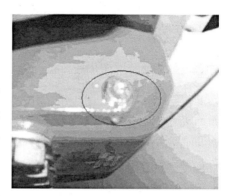

图 3-41　堵头漏油

（1）堵头松动。拆下堵头，查看堵头螺纹和堵头连接处的螺纹是否划伤，密封圈是否完好。若无异常，拧紧堵头，观察是否漏油。如果漏油，更换堵头，力矩值为 30 N·m。

（2）堵头断裂。堵头断裂部分先用老虎钳试取，若取不出，再用断丝取出器取出。若中间制动器堵头断裂，则需要拆卸制动器。若螺纹孔完好，则更换堵头和密封圈。若螺纹孔损伤，则用 G1/4 丝锥过丝，如果螺纹孔损伤严重，需要更换制动器。填写附录 A，登记质量事物反馈。

（3）堵头密封圈损伤。拆下堵头，查看密封圈是否存在破损或变形等情况，若有需要，则更换密封圈。如果堵头孔处和密封圈处有杂物，可用大布擦拭干净。

（4）堵头处螺纹孔有裂缝。提供质量反馈，联系供应商处理。

（5）若以上情况都排除以后，堵头处仍然漏油，可能是堵头与螺纹孔尺寸不匹配。用生胶带缠绕堵头螺纹，再安装堵头。如果上闸体的堵头处漏油而导致刹车盘和摩擦片被液压油侵蚀，那么应排除漏油故障。可用可赛新 1755 清洗刹车盘、闸体上的液压油，并更换摩擦片。

2. U 型管接头处漏油（见图 3-42）

若接头松动，用开口扳手 22-24# 和 17-19# 将 U 型管接头拧紧。

图 3-42　U 型管接头处漏油

若接头断裂，断裂部分用断丝取出器取出，检查内螺纹是否损伤。若有损伤，用 G1/4 丝锥过丝。如果螺纹损坏严重，则需要更换制动器。填写附录 A，登记质量事物反馈。

3. 快插式三通阀处漏油

上下闸体各有 1 个卸油孔，上闸体的卸油孔处安装堵头，下卸油孔处安装快插式三通阀，这两个卸油孔是相连的。如果上缸体或者下缸体内的密封圈破损，快插式三通阀处就会漏油，见图 3–43。

图 3–43　快插式三通阀漏油

首先，要判断是哪个制动器漏油。如果塑料管里积满液压油，比较难判断，应拆下与快插式三通阀相连接的透明管（每个三通阀两端各有 1 个卡扣，水平方向按压卡扣，透明管就可以轻松拔出），清理干净三通阀处的液压油。手动接触器强制建压，查看哪个三通阀处漏油。用内六方拧下漏油制动器的上闸体的卸油孔处的堵头，查看此泄压孔处是否有漏油现象。如果不漏油，说明下闸体漏油；反之，说明上闸体漏油或者上、下闸体都漏油。安装透明塑料管，防止液压油污染塔筒平台。

4. 闸体间漏油

缸体内的密封圈和 O 型密封圈破损时，应更换缸体密封圈和 O 型密封圈。活塞端面出现裂缝，见图 3–44。此时应更换活塞。如果闸体间漏油，要提交供应商处理。

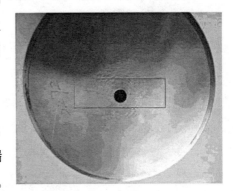

图 3–44　活塞端面出现裂缝

三、偏航制动器制动力矩减小的问题

制动力减小，主要有以下几方面的原因。

（1）制动衬垫故障或制动衬垫没有磨合。

（2）制动衬垫或制动盘有油脂。

（3）气隙调整不及时。

（4）油温低造成油粘度过高，使阀门不能正常工作。

（5）密封组件损坏。

（6）由于泄漏导致液压站压力不足。

（7）安全阀调整不当或泵故障灯等导致液压站压力不足。

（8）液压站油位低导致压力不足。

四、偏航减速箱电动机轴承过热、振动及噪声等问题

（一）电动机过热

电动机过热，主要有以下原因。

（1）过载。用电磁式电流表测量定子电流或检查变频器面板上的电流显示值，发现过载时，应减轻负载。

（2）缺相运行。检查电动机定子接线或变频器接线，并加以修复。

（3）电动机接线错误。将电动机误接成 Y 形接法或相反，必须立即更正接法。

（4）定子绕组接地或相间短路。查找出短路和通地部分，进行修复。

（5）定转子相擦。检查轴承装配无松动，定子和转子装配有不良情况，应修复。

（6）通风不畅。检查风扇、风叶是否有损坏，风道有无堵塞。

（7）变频器电压、频率参数设置不当。调整 V/f 参数设置。

（8）制动器动作迟缓。检查制动器气隙和直流励磁电压。

（二）轴承过热

轴承过热，主要有以下原因。

（1）轴承损坏或不良，应更换轴承。

（2）润滑脂变质或润滑脂质量不好。清洗轴承，更换润滑脂。

（3）有杂质或者所加油脂过多或过少。

（4）装配不良。检查轴承和前后端盖装配情况。

（5）跑内圈或跑外圆。检查零部件尺寸公差。

（6）转轴弯曲。进行转子偏心校正。

（7）轴伸端密封安装不良。将轴伸端调整到合适状态。

（三）振动异常或噪声过大

振动异常或噪声过大，主要有以下原因。

（1）机械摩擦。检查转动部分与静止部分间隙，找出相互摩擦的原因并进行校正。

（2）缺项运行断电，再合闸。如不能启动，则可能有一相缺点，检查电源或电动机并修复。

（3）轴承缺油损坏。清洗轴承，加油并及时更换损坏严重的轴承。

（4）电机接线错误。查明原因，纠正接线。

（5）修理后转子平衡被破坏。重新校正动平衡。

（6）安装基础不平衡或有缺陷。检查基础固定情况，加以修正。

（7）输出齿轮与偏航轴承啮合异常。检查齿面侧隙是否在规定的设计范围内。

五、发电机异响

发电机异响和噪声大的原因主要有以下九个方面。

（1）转子系统动不平衡。

（2）转子笼条有断裂、开焊、假焊、缩孔。

（3）轴径不圆、轴变形、弯曲等。

（4）齿轮箱与发电机轴线未校准。

（5）发电机安装不牢固、基础不好或有共振。

（6）转子与定子相互摩擦。

（7）轴承损坏或不良。

（8）轴承润滑脂变质或润滑脂质量不好，有杂质等。

（9）磁钢脱落等。

 **思考题：**

1. 提升机常见的故障有哪些？

2. 简述偏航电磁刹车间隙的调整方法。

3. 简述更换液压油的步骤及注意事项。

第四章　图纸和电路分析

学习目的：

1. 能够读懂机组电气原理图，并熟悉相关电器元件的功能。

2. 熟悉元器件出现故障对电路或系统的影响。

3. 能够根据故障现象分析并确定故障点。

4. 熟练掌握万用表、钳形电流表、电能质量分析仪的使用方法。

第一节　熟悉图纸

电路图的用途很广，可以用于详细地理解电路、设备或成套装置及其组成部分的作用原理，分析和计算电路特性。另外，检修风机必须先弄懂其线路原理图。在读图过程中，要分清主电路、控制电路等部分，并将整个电路化整为零，明确将其分解为已经学习过的基本电路组成，掌握各个部分控制电路的作用和布局划分。

一、机组控制系统的工作原理

风机的控制系统一般由主控系统、变桨系统、变流系统、监视系统等组成，下面以金风 2.5 MW 机组为例详细介绍风机的控制系统构造及各部分功能。

金风 2500 kW 风力发电机组具有三叶片、上风向、变桨变速控制的特点。该系列风力发电机组电控系统由下列子系统组成，分别是主控系统、变桨系统、

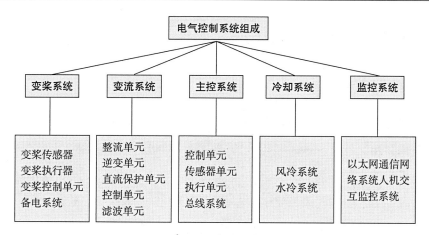

图 4-1　电控系统组成

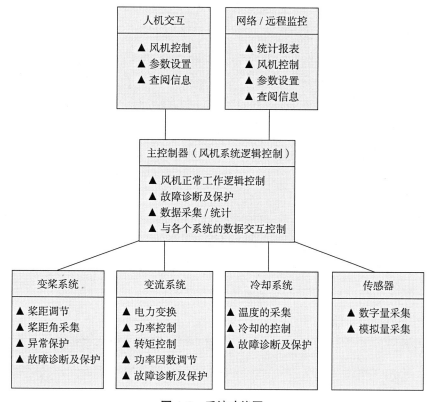

图 4-2　系统功能图

变流系统、变流器冷却系统、发电机冷却系统、偏航及液压系统、安全与保护系统、SCADA 系统等，见图 4–1。机组控制各部分主要功能见图 4–2。

（一）主控系统

主控系统是风力发电机组的"大脑"，整机控制的核心，它负责整机状态的切换、逻辑判断、故障保护、整机的协调控制、整机的控制算法。金风 2.5 MW 风力发电机组的主控系统，以德国 beckhoff 公司生产的嵌入式 PLC 控制器为核心。PLC 控制器主要实现风力发电机组的过程控制、安全保护、故障检测、参数设定、数据记录、数据显示和人工操作，配备有多种通信接口，能够实现就地通信和远程通信。它采用 PROFIBUS–DP 现场总线组网，安全可靠。其中，主控系统是机组可靠运行的核心，主要完成数据采集及输入、输出信号处理；逻辑功能判定；对外围执行机构发出控制指令；与机舱柜及变桨控制系统通信，接收机舱柜及变桨控制系统的信号；与中央监控系统通信、传递信息。

2.5 MW 主控常规系统用来控制整个风机在各种外部条件下能够在正常的限定范围内运行，从功能上分为功率控制系统、偏航控制系统、液压控制系统、电网监测系统、计量系统、机组正常保护系统、低压配电系统、故障诊断和记录功能、人机界面和通信功能。

1. 功率控制系统

机组功率控制方式为变速变桨控制，风速低于额定风速时，机组采用变速控制策略，通过控制发电机的电磁扭矩来控制叶轮速度，使机组始终跟随最佳功率曲线，从而实时捕获最大风能。当风速大于额定风速时，机组采用变速变桨控制策略，使机组维持稳定的功率输出。

2. 偏航控制系统

偏航控制系统采用主动对风控制策略，通过安装在机舱尾部的风向标风向位置和偏航位置传感器，反馈机舱位置夹角决定是否偏航，从而实现实时调节风轮的迎风位置，使得机组实现最大风能捕获和降低载荷。

3. 液压控制系统

液压控制系统是当液压系统压力低于启动压力设置值时，液压泵启动，系统压力高于停止液压泵压力设置值时，液压泵停止工作。另外，在偏航时，给刹车盘施加一定的阻尼压力。当偏航停止时，偏航闸抱紧刹车盘，来保持叶轮一直处于对风位置。

4. 电网监测系统

实时监控电网参数，确保机组在正常电网状况下运行。

5. 计量系统

实时检测机组的发电量，为经营提供依据。

6. 机组正常保护系统

实时监控整机的状态。

7. 低压配电系统

为机组用电设备传输电源。

8. 故障诊断和记录功能

正确输出机组的当前故障，并记录故障前后的数据。

9. 人机界面

提供信息服务功能。

10. 通信功能

系统集成水冷系统、变桨系统、变流系统，从而实现协同控制；同时，把机组信息实时上传到中央集控中心。

（二）变流系统

目前，金风 2500kW 风力发电机是以 Switch 变流器 / 天城自主变流器为主的控制系统。变流器是将永磁同步发电机发出的变频变压的电能，通过交流—直流—交流能量变换（采用可控整流的方式把发电机发出的电整流为直流电，通过网侧逆变模块把直流电变成工频交流电），将其变换成电网能够接纳的恒频恒压的电能，同时实现风机的低电压穿越功能并具备各类对电机侧和电网侧的保护、控制等性能。变流器采用分布控制方式（每个功率单元都能够独立地执行控制、保护、监测等功能，功率单元之间则通过现场总线连接），网侧和发电机侧各有独立的控制器，以网侧控制器为主控制器。其他控制器为子控制器，这种方式和它的主

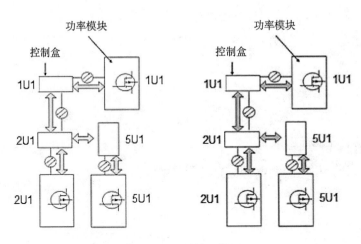

图4-3 变流控制系统拓扑图

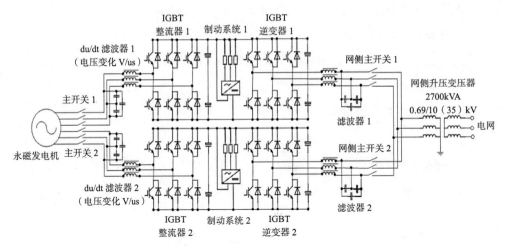

图4-4 变流系统主电路原理图

电路拓扑结构相对应,拓扑图见图4-3。

Switch变流器采用了基于IGBT开关元件的主动整流技术方案,通过电机侧控制器和电网侧控制器分别对电机和电网进行控制。主电路原理框图如图4-4所示。

(三)变桨系统

实现风力发电机组的变桨控制,在额定风速以上通过控制叶片桨叶角,使输

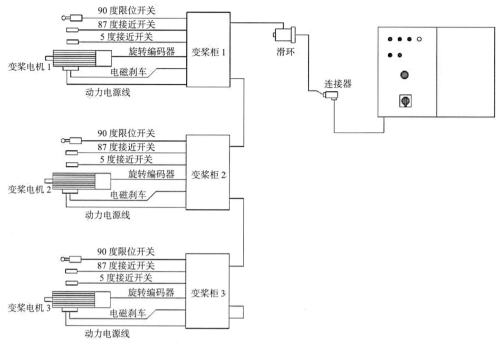

图 4-5 变桨系统拓扑图

出功率保持在额定功率附近。在额定功率以下，保持叶片角度在最小桨叶角，使风力发电机处在最大吸收风能状态。停机时，调整桨叶角至停机位置（87°），使风力发电机组处于安全状态。变桨系统拓扑图见图 4-5。

变桨控制柜主电路采用交流—直流—交流结构，由逆变器为变桨电机供电，变桨电机采用交流异步电机，变桨速率由变桨电机转速调节（通过逆变器改变供电的频率来控制电机的转速）。

每个叶片的变桨控制柜，都配备一套由超级电容组成的备用电源，超级电容储备的能量，在保证变桨控制柜内部电路正常工作的前提下，足以使叶片以 7°/s 的速率，从 0° 顺桨到 90° 位置。当来自滑环的电源掉电时，备用电源直接为变桨系统供电，仍可保证整套变桨电控系统正常工作。当超级电容电压低于软件设定值，主控制器会控制机组停机。

变桨系统的功能主要为：在风机启动过程中，变桨系统控制桨叶的角度以实现风机依靠风力自行启动。在风机正常运行过程中，变桨系统控制桨叶的角度以实现达到额定风速后风机维持满负荷稳定运行，不过载。在风机正常或紧急停机时，变桨系统控制桨叶转到预定安全位置，实现空气动力刹车，确保风机安全停运。

（四）冷却系统

冷却系统主要分为水冷系统和风冷系统。水冷系统采用两套独立的水冷装置，作用是分别给两套变流器（主柜单元、从柜单元）单独进行水冷散热。

由于变流器中的大功率电器元件在工作时产生大量热量，因此配套稳定、可靠和安全的冷却系统，是该装置能稳定运行的基础。

恒定压力和流速的冷却介质源源不断地流经变流器带走热量，温升介质由高压循环泵的进口经室外空气散热器与冷空气进行热交换，空气散热器将冷却介质带出的热量交换出去，散热后冷却介质再循环进入变流器。在水冷系统柜内管路和柜外管路之间设置电动三通阀，主控系统根据当前冷却水温度值自动控制电动三通阀阀位，从而比例调节循环冷却水进入空气散热器进行换热的流量，实现精确调节温度的功能。电加热器对冷却水温度进行强制补偿。

在主循环泵入口加有压缩空气稳压单元，由膨胀罐、气泵及电磁阀等组成。它能为系统保持恒压并能吸收系统中冷却介质的体积变化，从而保证整个系统正常运行。膨胀罐的底部充有稳定压力的压缩空气，当系统压力损失时，压缩空气自动扩张，把冷却水压入循环管路系统，以保持管路的压力恒定和冷却水的充满。当系统压力小于设定压力时，气泵自动进行补气增压来补偿压力的损失。当压力较高时，由电磁阀排放由于温度变化而引起的多余气体。

水冷系统的结构示意图如图4-6所示。冷却介质有由循环泵升压后流经空气散热器，冷却后进入变流器将热量带出，再回到主循环泵，密闭式往复循环。循环管路设置电动三通阀，根据冷却介质温度的变化，自动调节经过空气散热器冷却介质的比例，实现精确的温度调节功能，空气散热器将冷却介质带出的热量交换除去。

循环管路并有气囊式膨胀罐，气泵及电磁阀组成的稳压系统，为系统保持恒压并吸收系统中冷却介质的体积变化，从而保证整个系统的正常运行。当系统压

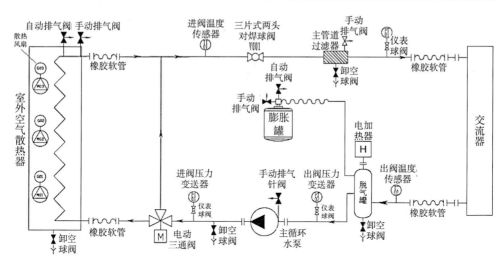

图 4-6　水冷系统结构示意图

力损失时，压缩空气自动扩张，把冷却介质压入循环管路系统。当压力较高时，介质进入膨胀罐内，通过膨胀罐内空气来进行缓冲。

　　风冷系统主要是发电机散热变频器系统。发电机散热系统分内循环通道和外循环通道。内循环通道联通发电机与机舱，将发电机发出的热量循环到换热的冷却芯体上。外循环离通道作用是驱动环境空气流经换热器芯体冷却内循环高温空气，其工作原理如图 4-7 所示。

（五）监视系统

　　监控系统包括人机 HMI 界面、网页监控和中控监控。

二、常用元器件工作原理及常见故障类型

（一）接触器

　　当线圈得电后，衔铁被吸合，带动三对主触点闭合，接通电路，辅助触点也闭合或断开。当线圈失电后，衔铁被释放，三对主触点复位，电路断开，辅助触点也断开或闭合。按触器结构见图 4-8。

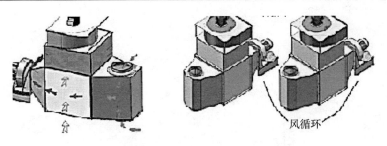

发电机散热系统

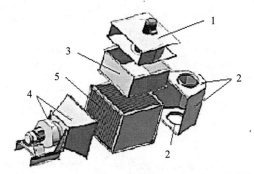

1- 外循环风扇；2- 内循环进口风道；3- 外循环出口风道；4- 风循环出口风道；5- 热交换器

图 4-7　风冷系统原理图

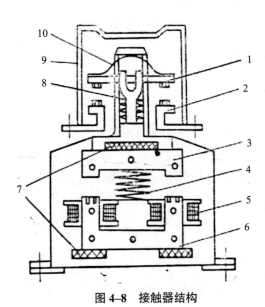

图 4-8　接触器结构

1- 动触头；2- 静触头；3- 衔铁；4- 缓冲弹簧；5- 电磁线圈；
6- 铁心；7- 垫毡；8- 触头弹簧；9- 灭弧罩；10- 触头压力簧片

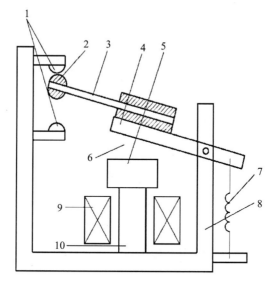

图 4–9　电磁式继电器结构

1– 静触头；2– 动触头；3– 簧片；4– 衔铁；5– 极靴；
6– 空气气隙；7– 反力弹簧；8– 铁轭；9– 线圈；10– 铁芯

（二）继电器

1. 中间继电器

中间继电器是利用电磁铁作用力工作，用来将信号同时传递给多个控制元件和辅助电路，还有扩大节点容量的作用。中间继电器用于传送信号，同时控制多个电路，结构同交流接触器一样。电磁式继电器的结构见图 4–9。当线圈得电后，衔铁被吸合，带动触点闭合，接通电路。当线圈失电后，在反力弹簧作用下，衔铁被释放，触点复位，电路断开。

2. 热继电器

发热元件接入电机主电路，当长时间过载时，双金属片会被烤热。又因双金属片的下层膨胀系数较大，使其向上弯曲，扣板被弹簧拉回，常闭触头断开。工作原理见图 4–10。

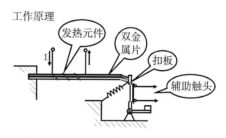

图 4–10　热继电器工作原理示意图

注意事项：

继电器动作后一般不能自动复位，要等双金属片冷却后，按下复位按钮才能复位；改变压动螺钉的位置，还可以用来调节动作电流。

3. 时间继电器

按整定时间长短通断电路，时间继电器是从得到输入信号（线圈通电或断电）起，经过一段时间延时后触头才动作的继电器，适用于定时控制。时间继电器是一种利用电磁原理或机械原理实现延时控制的自动开关装置。当加入（或去掉）输入的动作信号后，其输出电路需经过规定的准确时间才产生跳跃式变化（或触头动作）。空气阻尼式时间继电器的结构及原理见图4-11和图4-12。

4. 安全继电器

安全继电器是由多个继电器与电路组合而成的，为了互补彼此的异常缺陷，

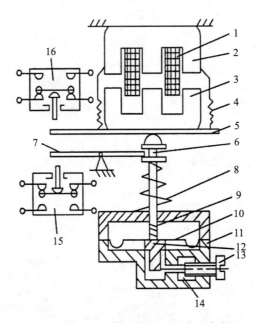

图4-11　继电器结构及原理（通电）

1-线圈；2-静铁心；3-衔铁；4-反力弹簧；5-推板；6-活塞杆；7-杠杆；
8-塔形弹簧；9-弱弹簧；10-橡皮膜；11-空气室壁；12-活塞；13-调节螺钉；
14-进气孔；15-微动开关（延时）；16-微动开关（瞬时）；17-微动按钮

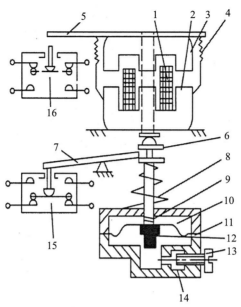

图4-12 继电器结构及原理（断电）

1- 线圈；2- 静铁心；3- 衔铁；4- 反力弹簧；5- 推版；6- 活塞杆；7- 杠杆；
8- 塔形弹簧；9- 弱弹簧；10- 橡皮膜；11- 空气室壁；12- 活塞；13- 调节螺钉；
14- 进气孔；15- 微动开关（延时）；16- 微动开关（瞬时）；17- 顶杆

达到降低动作继电器的完整功能，使其失误和失效值越低，安全因素越高。因此需要设计出多种安全继电器以保护不同等级机械，其主要目标在于保护暴露于不同等级的机械操作人员。所谓"安全继电器"并不是"没有故障的继电器"，而是发生故障时能够做出有规则的动作。它具有强制导向接点结构，万一发生接点熔结现象时也能确保安全。这一点同一般继电器完全不同，主要用于对接触器等输入进行控制的安全电路上。安全继电器原理见图4-13。

（三）熔断器

熔断器是一种在短路或严重过载时利用熔化作用而切断电路的保护电器。它主要由熔体和熔断管组成。其中，熔体既是敏感元件又是执行元件，由易熔金属制成，熔断管用瓷、玻璃或硬制纤维制成。熔断器常见类型有插入式、螺旋式、封闭管式和自复式。

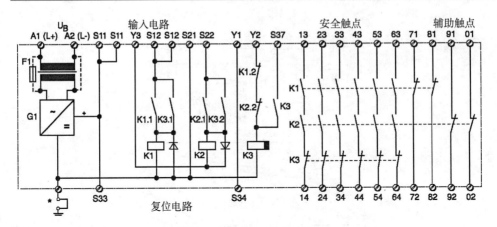

图 4-13　安全继电器原理

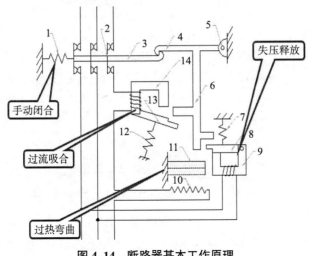

图 4-14　断路器基本工作原理

（四）断路器

断路器分高压断路器和低压断路器两种，在机组中常见的是低压断路器。断路器基本工作原理见图 4-14。断路器具有过载、短路、过热、欠压、失压保护的功能。

1. 微型空气断路器

微型空气断路器结构原理见图 4-15。

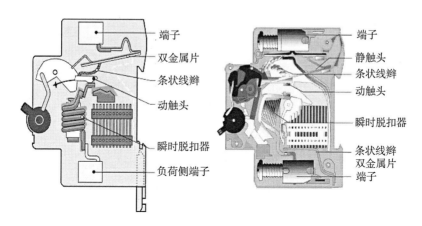

图 4-15　微型空气断路器结构原理图

2. 漏电保护断路器（剩余电流动作断路器）

电流动作断路器适用于交流 50 Hz 或 60 Hz，额定电压单极两线、两极 230 V、三级/三级四线、四级 400 V。在额定电流至 60 A 的线路中，当人身触电或电网泄漏电流超过规定值时，剩余电流动作断路器能在极短的时间内迅速切断故障电源，保护人身及用电设备的安全。剩余电流动作断路器具有防止人触电的功能。按照 IEC 标准，人体在通过电流 30 mA 的情况将会发生明显器官的损伤和心脏纤维颤抖，时间超过 1 秒钟将会有电击致死的危险。因此，在低压配电系统中安装剩余电流断路器（RCD）与线路上的电压无关。在 TN–C 系统中无效。漏电保护断路器（剩余电流动作断路器）原理见图 4-16。

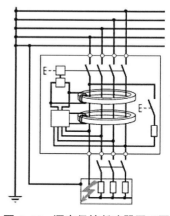

图 4-16　漏电保护断路器原理图

（五）变压器

变压器工作原理见图 4-17，变压器工作时，原副边电压之比和匝数成正比，电流之比和匝数成反比，即：

$$\frac{U_1}{U_2} \approx \frac{N_1}{N_2} = k \quad \frac{I_1}{I_2} \approx \frac{N_2}{N_1} = \frac{1}{k}$$

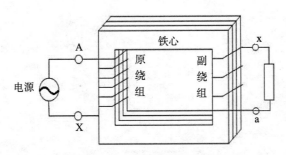

图 4–17 变压器工作原理图

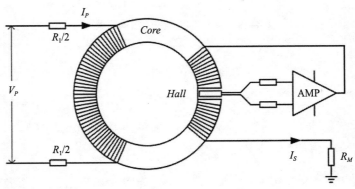

a. 电磁式电压互感器的基本原理

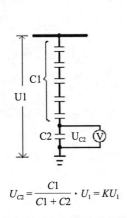

$$U_{C2} = \frac{C1}{C1 + C2} \cdot U_1 = KU_1$$

b. 电容式电压互感器的基本原理

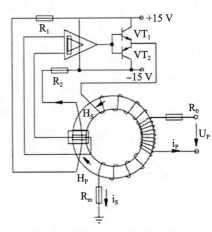

c. 霍尔磁平衡式电压互感器的基本原理

图 4–18 电压互感器基本原理

1. 电压互感器

电压互感器按原理分为电磁感应式和电容分压式两类。电磁感应式多用于 220 kV 及以下各种电压等级。电容分压式一般用于 110 kV 以上的电力系统，330~765 kV 超高压电力系统应用较多。电压互感器按用途又分为测量用和保护用两类。对前者的主要技术要求是保证必要的准确度；对后者可能有某些特殊要求，如要求有第三个绕组，铁心中有零序磁通等。电压互感器基本原理见图 4–18。

需要注意的是，使用过程中电压互感器的二次侧不能短路，否则会烧坏电压互感器。

2. 电流互感器

电流互感器在使用过程中，电压互感器的二次侧不能开路，否则二次侧会感应出较高的电压而威胁生命安全。电压互感器基本原理见图 4–19。

（六）行程开关

行程开关是用来控制某些机械部件的运动行程和位置或限位保护。行程开关是由操作机构、触点系统和外壳等部分组成的。行程开关的基本分类和原理见图 4–20。行程开关结构与按钮类似，但其动作要由机械撞击产生，见图 4–21。

（七）开关电源

开关电源分为两种类型：一种是交流变直流开关电源（AC/DC）；另外一种是直流开关电源（DC/DC）。开关电源效率高，可以达到 90% 以上，使用广泛。机组中的直流转换全部使用的是开关电源，重要电路板上也广泛使用开关电源。

由于线性稳压电源存在功耗较大的缺点，在电力电子技术的基础上，人们开发研制了开关型稳压电源。开关型稳压电源效率可达 90% 以上，造价低、体积小。现在开关型稳压电源已经比较成熟，被广泛应用于各种电子电路之中。开关型稳压电源的缺点是纹波较大，用于小信号放大电路时，还应采用第二级稳压措施。开关电源可分为 AC/DC 和 DC/DC 两大类。DC/DC 变换是将固定的直流电压变换成可变的直流电压，也称为直流斩波。斩波器的工作方式有两种，一种是脉宽调制方式 Ts 不变，改变 ton（导通时间）；另一种是频率调制方式，ton 不变，改变 Ts（易产

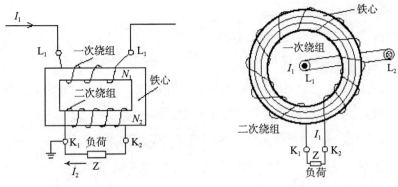

a. 普通电流互感器的基本原理   b. 穿心式电流互感器的基本原理

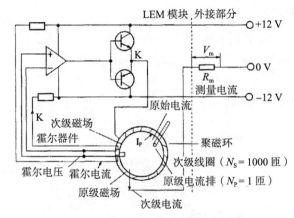

c. 磁场平衡式霍尔电流传感器的基本原理

图4-19　电流互感器基本原理

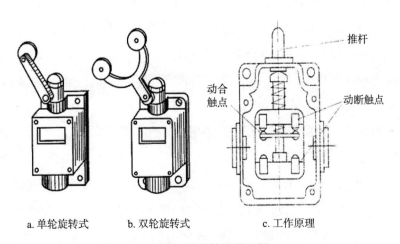

a. 单轮旋转式　　　b. 双轮旋转式　　　c. 工作原理

图4-20　行程开关结构及原理图

生干扰）。AC/DC 变换器输入为 50/60 Hz 的交流电，必须经整流、滤波，再进行 DC/DC 变换。AC/DC 变换按电路的接线方式可分为半波电路和全波电路；按电源相数可分为，单相、三相和多相。按电路工作象限又可分为一象限、二象限、三象限和四象限。开关电源的工作原理，见图 4-22。

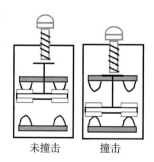

图 4-21 行程开关撞击前后示意图

（八）防雷元件

常用的防雷器件是菲尼克斯防雷器，其结构见图 4-23，不同元件的防雷性能见图 4-24，防雷原理见图 4-25。

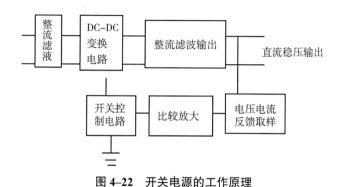

图 4-22 开关电源的工作原理

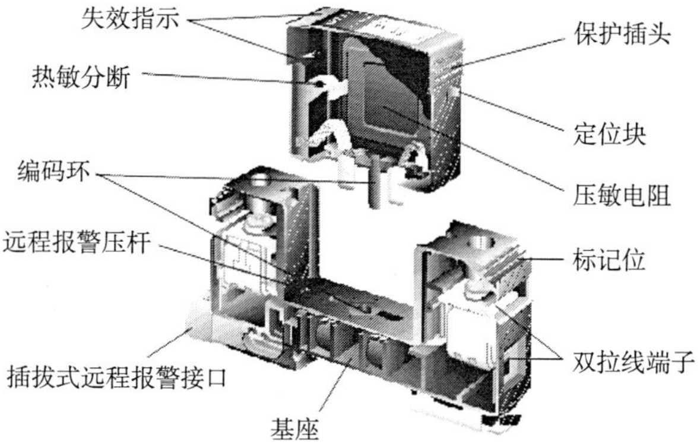

图 4-23 菲尼克斯防雷器结构图

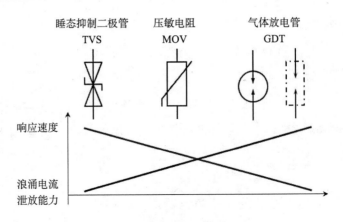

图 4-24 不同元件的防雷性能

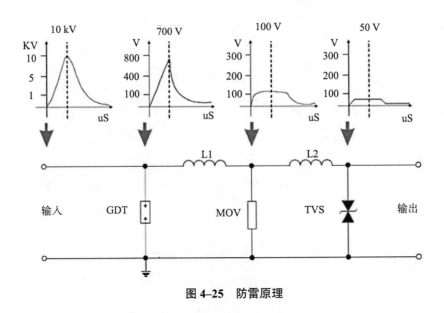

图 4-25 防雷原理

（九）电能表 PAC3200

PAC3200 是一种用于面板安装的高性能电力仪表，可用来计量、显示配电系统的 50 个测量变量，集遥测、遥信、遥控于一体，大尺寸 LCD 图形中文显示屏。PAC 3200 本体集成以太网接口，支持 MODBUS TCP 协议。PAC3200 接线原理见图 4-26。

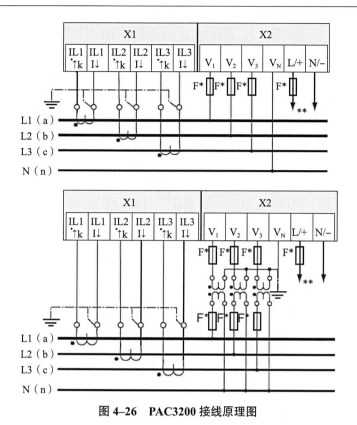

图 4–26　PAC3200 接线原理图

（十）伍德沃德 MFR 300 测量保护模块

MFR 300 利用采样测量值方法测量变化的电压 / 电流值。使用 5 kHz 的速率采样每一相的所有数据，在一周期内进行积分运算，通过计算得到均方根值。有功功率值通过计算电流和电压相乘值的积分得到的。频率是由电压过零的间隔时间确定的。无功功率是通过电压和电流之间的相位移计算得到的。

（十一）接近开关

接近开关可以无损不接触地检测金属物体。通过一个高频的交流电磁场和目标体相互作用实现检测。接近开关的磁场是通过一个 LC 振荡电路产生的，其中的线圈为铁氧体磁芯线圈。采用特殊的铁氧体磁芯使接近开关能够抗交流磁场和直流磁场的干扰，它的工作原理见图 4–27。

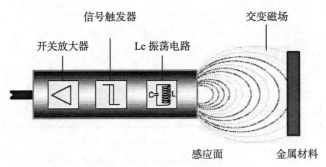

图 4–27 接近开关工作原理图

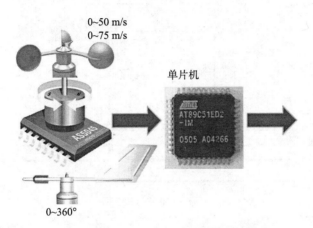

图 4–28 风速仪和风向标工作原理

（十二）风速仪和风向标

风速仪和风向标的简单工作原理，见图 4–28。

1. 超声波风速风向传感器

在实际中，风不会只沿着一个方向，为了能够准确测量，采取相互垂直放置的两对收发一体的超声波探头，保证探头距离不变，以固定频率发射超声波并测量两对顺、逆传播时间。通过相关计算，可得到风速、风向数值。此类超声测风探头所测得的风为平均的水平风，在极坐标上表示出风速和风向。见图 4–29。

2. 超声谐振风速风向传感器

这种风传感器基于 Acu–Res technology（声谐振技术）技术，可以同时测量

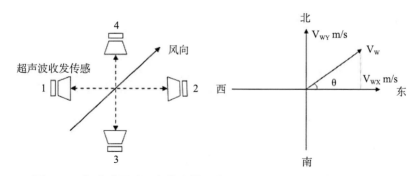

图 4-29　超声波风速风向传感器工作原理及风向和风速的极坐标表示

图 4-30　超声谐振风速风向传感器工作原理图

风速和风向信号，由英国 FT Technologies 公司生产。由于独特的高效恒温的整体加热系统具有较强的抗冰冻结冰功能，逐步被应用于寒冷易结冰地带风力发电机组的风速和风向的测量。见图 4-30。

第二节　电路故障分析

一、线路元件的损坏

电气设备在运行中要受到许多不利因素的影响。例如，动作时的机械振动、因过电流而导致电器元件绝缘老化、电弧烧灼、自然磨损、环境温度和湿度的影响、有害介质的侵蚀等。此外，还有元器件的质量、自然寿命等原因，使电气设备不可避免地会出现各种各样的故障。

　　加强日常的维护保养和定期检查可使设备在一定时期内不出或少出故障。然而要使设备永远不出故障是不可能的。出了故障并不可怕，只要认真对待，查明原因，及时处理，即可排除故障，保证设备尽早地恢复正常运行。

　　设备电路出现故障后，确定故障位置和分析原因是解决电气设备故障的关键，一般检修故障的步骤如下。

（一）初步判断设备电路的故障种类

　　一般可分为两类：一类是有明显的外表特征且容易发现的故障，如电动机和电气元件的过热、冒烟、打火和发出焦糊味等。这类故障是因过载、绝缘击穿或短路造成的，除修复或更换损坏的元器件之外，还必须查明并排除造成上述故障的原因。另一类是没有外表特征而较隐蔽的故障，大多数是控制电路的故障。例如，由于调整不当而使机械动作失灵、触电接触不良、接线松脱和个别小零件损坏等。线路越复杂，发生故障的概率就越大。由于故障较隐蔽，查找比较困难，往往需要测量仪表和工具的帮助。由于设备常常是机械、电气联合控制的，因此要求维修工不仅要懂得电气知识，而且同时还要有机械控制知识。只有了解这些设备的机械原理，才能正确而迅速地找出并排除这类设备的故障。一旦查明故障所在，一般只需要简单的调整或修理就能使设备恢复正常运行。

　　在进行故障排查前，应该尽可能地了解电气故障产生的经过。由于设备操作者熟悉所操作设备的性能、使用情况，而且一般会最先发现故障，因此要向身边操作者了解故障现象、发生故障的前后情况和发生的次数。例如，是否冒烟、打火，是否有异常声音和气味，是否有控制失常和操作不当等。

　　经过问、看、听、摸的过程，可以判断是否属于第一类的故障。如果属于第一类故障，且故障原因简单，即可直接进行维修。如果仍无法判断故障产生的原因，就应该深入地进行故障电路的详细排查了。

（二）进行详细排查的前期工作

　　检修工应准备好必需的工具、仪表、设备电路图和其他参考资料等，并调整好检修心理状态，平静而细心地开展检修工作。

（三）阅读并分析线路图

电气控制线路图是电气控制系统各种技术资料的核心文件，是线路分析的中心内容。用原理图来分析照明与信号电路和特殊用途电路这两部分电路的故障比较明显。例如，通过观察照明或信号灯不亮、电磁吸盘没有吸力等，就很容易判断出故障所在的电路，然后进一步检查就能发现故障点。而主电路和控制电路的故障则须根据电器线路原理图结合故障现象进行分析。由于电器线路原理图是按照设备电力拖动的特点和控制要求设计和绘制的，所以对于要检修的设备必须先弄懂其线路原理图。在读图过程中，要分清主电路、控制电路等部分，并将整个电路化整为零，明确将其分解为已经学习过的基本电路组成，明白各个部分控制电路的作用和布局划分。电气维修人员只有熟悉和了解设备电气线路的工作原理，才能正确而迅速地判断故障和排除故障。

（四）检查控制电路的外表

对故障所在范围的有关电器元件进行外表检查，往往能发现故障的确切部位。例如，熔断器熔断、接线松脱、接触器或继电器的触点接触不良、线圈烧坏、弹簧脱落和开关失灵等，能明显地表明故障所在。

（五）对控制电路进行检查，察看试验器动作是否正常

在检查过程中，应当切断主电路的电源。在控制电路带电的情况下进行试验。如果需要电动机运转，也应使电动机空载运行。当操作某个按钮或开关时，与之相关的接触器、继电器将按预定的要求进行动作。当发现某个元件或与之相关的电路有问题时，应继续分析和检查此电路，即可发现故障。

如果以上方法仍难以找出产生故障的准确部位和原因，应利用电工测量仪表对电路进行电阻、电流和电压等参数的测量，这是查找故障的有效方法。具体有以下方法。

1. 电压法

利用仪表测试线路上某点的电压值来判断，确定是不是电气故障点的范围或元件故障的方法。电压法检测电路故障点简单明了，而且比较直观，但是要注意

交流电压和直流电压的测量和选用合适的量程，不能选错挡位。见图 4–31。

2. 电阻法

利用仪表测量线路上某点或某元器件的通断来判断故障点的方法。电阻法检测时，应切断设备电源，然后用万用表电阻挡对怀疑的线路或者元器件进行测量。用此方法还应注意一些相关元器件的关系，避免非目标部位的实测数据，造成错误判断。用万用表欧姆挡测量有关部位电阻值。若所测量电阻值与要求电阻值相差较大，则该部位即有可能就是故障点。见图 4–32。

3. 短路法

将设备两个等电位点用导线短接起来，来判断故障点的方法。在具体操作时，一定要注意"等电位"的概念，不能随意短路相接。

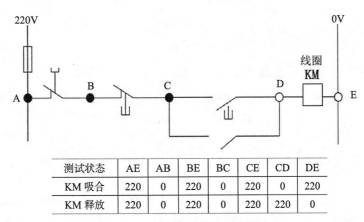

测试状态	AE	AB	BE	BC	CE	CD	DE
KM 吸合	220	0	220	0	220	0	220
KM 释放	220	0	220	0	220	220	0

图 4–31　电压法判断故障点原理

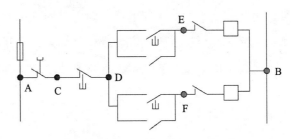

图 4–32　电阻法判断故障点原理

4. 开路法

检测设备电路时，有时为了检测的特殊需要，将电路断开进行检查方法。

5. 电流法

测量某线路上电流是否正常来确定故障点的方法。用钳形电流表或万用表交流电流档测量主电路及有关控制回路的工作电流。如所测电流值与设计电流值不符（超过 10% 以上），则该相电路是故障可疑处。

以上所述是查找设备电器线路故障的一般方法，在实际中只有应根据故障的具体情况灵活运用，才能迅速、准确地找出故障部位。故障点确定后，需要更换损坏的元器件。更换元器件必须符合原要求的规格标准，不可擅自替代改动。例如，接触器在更换时，不但要注意它的额定电流值，还要注意它的额定电压值。设备上一般使用 110 V 的接触器，绝对不能将额定电压为 24 V 的接触器装上，那样将会烧毁接触器线圈；也不能将 380 V 的接触器装上，那将会造成接触器通电后接触器不闭合或吸力不足而产生振动，使接触器线圈中电流增大而烧毁接触器线圈。

注意事项：

（1）有的故障查明后即可动手修复，例如，触点接触不良、接线松脱和开关失灵等；有的虽然查明故障部位，尚需进一步检查，例如，因过载造成的热继电器动作，不能简单地将热继电器复位了事，而应进一步查明过载的原因，待消除后方可进行修复工作。

（2）处理故障的修复工作应尽量恢复原样，避免出现新的故障。在某些特殊情况下，有时还需要采取一些适当的应急措施，使设备尽快恢复运行，但仅是应急而已，切不可长期如此。

（3）通电试运行时，应和设备操作者密切配合，确保人身和设备的安全。

（4）排除故障使之正常运行之后，应及时总结经验，做好维修记录并存档，以供日后维修时参考。记录的内容一般有：发生故障的时间、故障现象和原因、损坏的元器件、修复措施、修复后的运行情况，以及故障检查和修复人员等。

二、查找电气设备故障的方法

（一）故障调查

1. 问

当电气设备发生故障后，首先应向操作者了解故障发生的前后情况，这样有利于根据电气设备的工作原理来分析故障的原因。一般询问的内容有：故障发生在运行前后，还是发生在运行中；是运行中自动停车，还是发生异常情况后，由操作者停车；发生故障时，设备工作在什么顺序，按动了哪个按钮，搬动了哪个机关；工作发生前后，设备有无异常现象（如声响、气味、冒烟或冒火等）；以前是否发生过类似的故障，是怎样处理的等。

2. 看

根据所问到的情况，仔细查看设备外部状况或运行工况，如设备的外形、颜色有无异常，熔丝有无熔断。电气回路有无烧伤、烧焦、开路、短路，机械部分有无损坏，以及开关、刀闸和按钮插接线所处位置是否正确，改过的接线有无错误，更换的元件是否相符等。此时，还要观察信号显示和仪表指示等。

3. 听

电动机、变压器、变速器（齿轮箱）及有些电气元件在运行时是否正常，可帮助寻找故障的部位。利用听觉判断故障，虽说是一件比较复杂的工作，但只要本着"实事求是"的科学态度，从实际出发，善于摸索规律，予以科学的分析，就能诊断出电气设备故障的原因和部位。声音是由于物体振动而发出的，如果摸清了声音的规律性，通过它就能知道眼睛看不见的故障原因。

影响电动机声响的因素有以下几项因素。

（1）温度。电动机有些响声是随着温度的升高而出现或增强的，又有些声响却随着温度的升高而减弱或消失。

（2）负荷。负荷对声响是有很大影响的，响声随着负荷的增大而增强，这是声响的一般规律。

（3）润滑。不论什么响声，当润滑条件不佳时，一般都响得厉害。

（4）听诊器具。可用螺丝刀、金属棍、细金属管等，用听诊器具触到测试点，响声变大，以利诊断。用听诊器具直接接触在发响声部位听诊，叫做"实听"。用耳朵隔开一段距离听诊，叫做"虚听"，这两种方法要配合使用。在日常生产中，只有积累丰富的经验，才能在实际运用中发挥作用。

4. 摸

用手触摸设备的有关部位，根据温度和震动判断故障。如设备过载，则其整体温度会上升。如局部短路或机械摩擦，则可能出现局部过热。如机械卡阻或平衡性不好，其振幅就会加大。在实际操作中，还应注意遵守有关安全规程和掌握设备特点，掌握摸（触）的方法和技巧。该摸的摸，不能摸的切不能乱摸。带电状态下不能摸的位置，可以使用手持式红外测温仪等隔离型设备进行检测。手摸用力要适当，以免危及人身安全和损坏设备。

（二）电路分析

根据故障调查结果，参考该电气设备的电气原理图进行分析，初步判断出故障产生的部位，然后逐步缩小故障范围，直到找到故障点并加以排除。

分析故障时，应有针对性。例如，接地故障一般先考虑电气柜外的电气装置，后考虑电器柜内的电气元件；若发生断路和短路故障，应先考虑动作频繁的原件，后考虑其余元器件。

（三）断电检查

检查前，先断开设备总电源，然后根据故障可能产生的部件，逐步找出故障点。检查时，应先检查电源进线处有无因碰伤而引起的电源接地、短路等现象，螺旋式熔断器的熔断指示器是否跳出，热继电器是否动作。然后，再检查电器外部有无损坏，连接导线有无断路、松动，绝缘是否过热或烧焦。

（四）通电检查

在断电检查仍未找到故障时，可对电气设备进行断电检查。在断电检查时，要尽量使电动机和其所传动的机械部分脱开，将控制器和转换开关置于零位，行程开关还原到正常位置。然后，用万用表检查电源电压是否正常，是否有缺相和严重不平衡。接下来，再进行通电检查，检查顺序为先检查控制电路，后检查主电路；先检查调整系统，后检查主传动系统；先检查交流系统，后检查直流系统；先检查开关电路，后检查调整系统。或者断开所有开关，取下所有熔断器，然后按顺序逐一插入所要检查部位的熔断器。合上开关，观察各电气元件是否按要求动作，是否出现冒火、冒烟、熔断器熔断等现象，直到找到发生故障的部位。

三、万用表、钳形电流表、电能质量分析仪的使用方法

（一）数字万用表

数字式万用表采用了大规模集成电路和液晶数字显示技术。与指针式万用表相比，数字式万用表具有许多特有的性能和优点：读数方便、直观，不会产生读数误差，准确度高，体积小，耗电省，功能多。许多数字式万用表还具有测量电容、频率、温度等功能。因此，数字式万用表在风电维护中经常使用。

液晶显示屏直接以数字形式显示测量结果，并且还能够自动显示被测数值的单位和符号（如欧姆、伏特等），见图4-33。

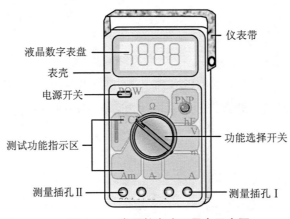

图4-33　常用数字式万用表示意图

万用表主要有测量交直流电压、电阻等功能，见表4–1。

表4–1　万用表测量功能

开关位置	测量功能
$\widetilde{V}$	从30.0 mV到1000 V的交流电压
Hz	从2 Hz到99.99 kHz的频率
$\overline{\overline{V}}$	从1 mV到1000 V的直流电压
Hz	从2 Hz到99.99 kHz的频率
$m\widetilde{V}$	AC mV（交流毫伏）0.1 mV至600 mV
$m\overline{\overline{V}}$	DC mV（直流毫伏）0.1 mV至600 mV
🌡	温度 – 40℃到 + 400℃
Ω	从0.1 Ω到50 MΩ
)))))	蜂鸣器在＜25 Ω时打开，在＞250 Ω时关闭
⊣⊢	法拉 从1 nF到9999 uF
⊷	二极管测试，高于2.4 V时显示（OL）过载
$m\widetilde{A}$　$m\overline{\overline{A}}$	交流电 mA量程：3.00 mA至400 mA
	直流电 mA量程：0.01 mA至400 mA
Hz	AC mA（交流毫安）频率2 Hz至30 kHz
$\widetilde{A}$　$\overline{\overline{A}}$	交流电 A量程：0.003 A至10 A
	直流电 A量程：0.001 A至10 A
	＞10.00 A时，闪光显示
Hz	＞20 A时，显示OL
	AC A（交流安培）频率2 Hz至30 kHz
注释：交流电压和交流电流输入孔为交流耦合，真有效值，高达1 kHz	

数字万用表操作简单，数字万用表可对电压、电阻、电流、二极管等进行测量。使用前，应认真阅读有关的使用说明书，熟悉电源开关、量程开关、插孔、特殊插口的作用。

（1）将ON/OFF开关置于ON位置，检查9 V电池。如果电池电压不足，将显示在显示器上，这时则需更换电池。如果没有显示，则按以下步骤操作。

（2）测试笔插孔旁边的符号，表示输入电压或电流不应超过指示值，这是为了保护内部线路免受损伤。

（3）测试之前，功能开关应置于所需要的量程内。

1. 电压的测量

数字万用表的一个最基本的功能是测量电压。测量电压通常是解决电路问题时的一项首要工作。在进一步检查之前，首先要确认电源是否存在问题。

交流电压的波形可能是正弦（正弦波）或非正弦（锯齿波、方波等）。数字万用表可以显示交流电压的"rms"（有效值）。有效值是交流电压等效于直流电压的值。

数字万用表测量交流电压的能力由被测信号的频率限制，可以精确测量 2 Hz ~ 99.99 kHz 范围内的交流电压。

（1）直流电压的测量。① 将黑表笔插入 COM 插孔，红表笔插入 V/Ω 插孔。② 将功能开关置于直流电压挡量程范围，并将测试表笔连接到待测电源（测开路电压）或负载上（测负载电压降），红表笔所接端的极性将同时显示于显示器上。③ 察看读数，并确认单位。

（2）交流电压的测量。① 将黑表笔插入 COM 插孔，红表笔插入 V/Ω 插孔。② 将功能开关置于交流电压挡 V~ 量程范围，并将测试笔连接到待测电源或负载上。测量交流电压时，没有极性显示。

注意事项：

（1）如果显示器只显示"OL"，它是"OVERLOAD"（过载）的简写，表示过量程，功能开关应置于更高量程。

（2）不要测量超出量程的电压，有损坏内部线路的危险。

（3）当测量高电压时，要格外注意避免触电。

2. 电流的测量

（1）直流电流的测量。将黑表笔插入 COM 插孔，当测量最大值为 400 mA 的电流时，红表笔插入"mA"插孔。当测量最大值为 10 A 的电流时，红表笔插入"A"插孔。将功能开关置于直流电流挡 A– 量程，并将测试表笔串联接入待测负载上。电流值显示的同时，将显示红表笔的极性。

（2）交流电流的测量。交流电流的测量方法与直流电流的测量方法相同，但档位应该旋至交流档位，电流测量完毕后，应将红笔插回"VΩ"孔。

注意事项：

如果使用前不知道被测电流范围，将功能开关置于最大量程并逐渐下降。表示最大输入电流为 400 mA、10 A，过量的电流将烧坏保险丝，应再更换。

3. 电阻的测量

将表笔插进"COM"和"VΩ"孔中，将旋钮旋至"Ω"中所需的量程，用表笔接在电阻两端金属部位。

注意事项：

（1）如果被测电阻值超出所选择量程的最大值，将显示过量程"OL"，应选择更高的量程。

（2）当没有连接好时，如开路情况，仪表显示为"OL"。

（3）当检查被测线路的电阻时，要确保被测线路中的所有电源没有电压。被测线路中，如有电源和储能元件，将会影响线路阻抗测试正确性。

（4）测量中可以用手接触电阻，但不要把手同时接触电阻两端。

4. 二极管的测量

数字万用表可以测量整流二极管管压降。测量时，表笔位置与电压测量一样，将旋钮旋到二极管档。用红表笔接二极管的正极，黑表笔接负极，此时会显示二极管的正向压降。若测试导线的电极与二极管的电极反接，则显示屏读数会是"OL"，可以用来区分二极管的阳极和阴极。

5. 电容测量

连接待测电容之前，注意每次转换量程时复零需要时间，有漂移读数存在不会影响测试精度。

（1）将功能开关旋至电容量程。

（2）将电容器插入电容测试座中。

注意事项：

（1）为避免损坏电表，在测量电容前，须断开电路电源并将所有高压电容器放电。

（2）测量电容时，将电容插入专用的电容测试座中。

（3）测量大电容时，稳定读数需要一定的时间。

6. 通断测试

将黑表笔插入 COM 插孔，红表笔插入 V/Ω 插孔（红表笔极性为"+"）。将功能开关置于通断挡，并将表笔连接到待测二极管，读数为二极管正向压降的近似值。

将表笔连接到待测线路的两端，如果两端之间电阻值低于约 50Ω，它内置蜂鸣器发声。

7. 示例

下面以 FLUKE 15B 型万用表为例进行说明，其他详细功能等见相应产品的使用说明书。

（1）表笔端子功能。适用于 1~10 A 的交流和直流电电流测量的输入端子；适用于至 400 mA 的交流和直流电微安或毫安测量的输入端子；适用于所有测式的公共端子；适用于电压、电阻、通断性、二极管、电容测量的输入端子。

（2）显示屏功能（见图 4–34）。电表有手动及自动量程两个选择。在自动量程模式内，电表会为检测到的输入选择最佳量程。当电表在自动量程模式时，会显示 Auto Range。手动量程操作为：每按一次 Range 键，会递增一个量程。当达到最高量程时电表会回到最低量程；要退出手动量程模式，按住 Range 两秒钟。

Hold 键的使用方法为：当按下时表示保存当前读数，再按一下表示回复正常操作。

（3）测量交流和直流电压（见图 4–35）。若要最大程度减少包含交流和直流电压元件的未知电压产生不正确读数，首先要选择电表上的交流电压功能，并记

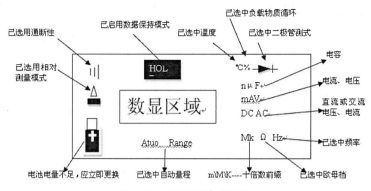

图 4-34 显示屏功能说明

下产生正确测量结果所需的交流电量程。然后，手动选择直流电功能，其直流电量程应等于或高于先前记下的交流电量程。① 转动旋转开关，选择交流电或直流电。② 将红色表笔插入写有 V 字样的端子中，将黑色表笔插入 COM 端子中。③ 将表笔正确接触到想要的电路测试点，测量其电压。

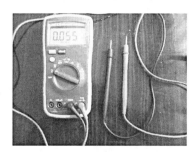

图 4-35 万用表测量电压示意图

（4）测量交流或直流电流。测量交流或直流电流的方法同交流或直流电压的测量方法相同。不同的是，要将红色表笔插入到 A、mA 或 μA 端子孔中，以选择需要的量程。转动旋转开关选择交流直流。在测量过程中，断开待测的电路路径，然后用表笔正确地放在断口处。

（5）测量电阻及通断性。在测量电阻或电路的通断性时，为避免受到电击或造成电表的损坏，须确保电路的电源已关闭，并将所有电容器放电。① 将旋转开关转到欧母挡。② 将红色表笔插到测试电压的红色表笔端子孔中。③ 将指针接触到想要的电路测试点，并测量电阻。④ 通断性的判断：当选中了电阻模式，按两次黄色按钮可启动通断性蜂鸣器。若电阻不超过 50 Ω，蜂鸣器会发出连续音，表明短路。若电表读数为 0，表示的是开路。

（6）测量二极管。在测量二极管时，同样必须将电源关闭，以即电容器放电。① 表笔的位置与测量电阻时相同。② 转到电阻挡后，按黄色功能按钮一次，启动二极管测试。③ 将红色表笔接到待测的二极管的阳极，而黑色表笔接到阴极。阅读显示屏上的正向偏压值。④ 若测试导线的电极与二极管的电极反接，则显示屏读数会是 0。这可以用来区分二极管的阳极和阴极。

（7）测量电容。断开电源，将所有高压电容器放电。① 表笔接法与电压接线相同。② 打开旋转开关。③ 将表笔接到电容器导线上，此时显示屏会出现数字。等到数字稳定后，再读取数据。

注意事项：

（1）在使用电表前，检查机壳。切勿使用机壳损坏的电表。查看电表是否有裂纹或缺少塑胶件，应特别注意接头的绝缘层。

（2）检查测试导线绝缘是否有损坏或裸露的金属。检查测试导线的通断性。若导线有损坏，应更换后再使用电表。

（3）用电表测量已知的电压，确定电表操作正常。若电表工作异常，那么就不要再使用。因为保护设施可能已遭到损坏。若有疑问，应把电表送去维修。

（4）切勿在任何端子和地线间施加超出电表上标明的额定电压。

（5）在超出 30 V 交流电均值、42 V 交流电峰值中，60 V 直流电时使用的电表须特别注意。该类电压会有电击的危险。

（6）测量时，必须用正确的端子、功能和量程挡。

（7）切勿在爆炸性的气体、蒸气或灰尘附近使用本表。

（8）使用测试探针时，手指应保持在保护装置的后面。

（9）进行连接时，先连接公共测试导线，再连接带电的测试导线。切断连接时，先断开带电的测试导线，再断开公共测试导线。

（10）测试电阻、通断性、二极管或电容以前，必须首先切断电源，并将所有的高压电容器放电。

（11）对于所有的直流电功能，包括手动或自动量程，为避免由于可能的不正确读数而导致电击的危险，须先使用交流电功能来确认是否有任何交流电压存在。然后，选择一个等于或大于交流电量程的直流电压量程。

（12）测量电流前，应先检查电表的保险丝。

（13）取下机壳。

（14）电池指示灯亮时，应立即更换电池。当电池电量不足时，电表可能会产生错误读数。

（15）打开机壳或电池门以前，必须先把测试导线从电表上拆下。

（16）不要测量第Ⅱ类 600 V 以上或Ⅲ类 300 V 以上安装的电压。

（17）维修电表时，必须使用指定工厂。

（二）钳形电流表

钳形电流表是由电流互感器和电流表组合而成。电流互感器的铁心在捏紧扳手时可以张开；被测电流所通过的导线可以不必切断就可穿过铁心张开的缺口，当放开扳手后，铁心闭合。

1. 工作原理

钳形电流表的原理是建立在电流互感器工作原理的基础上的。当放松扳手铁心闭合后，根据互感器的原理而在其二次绕组上产生感应电流，电流表指针偏转，从而指示出被测电流的数值。当握紧钳形电流表扳手时，电流互感器的铁心可以张开，被测电流的导线进入钳口内部作为电流互感器的一次绕组。

钳形表可以通过转换开关的拨挡，改换不同的量程。但拨挡时，不允许带电进行操作。钳形表一般准确度不高，通常为 2.5~5 级。为了使用方便，表内还有不同量程的转换开关供测不同等级电流以及测量电压的功能。

值得注意的是，由于钳形电流表其原理是利用互感器的原理，所以铁心是否闭合紧密，是否有大量剩磁，对测量结果影响很大。当测量较小电流时，会使测量误差增大。这时，可将被测导线在铁心上多绕几圈来改变互感器的电流比，以增大电流量程。

2. 钳形电流表的使用方法

（1）首先，正确选择钳型电流表的电压等级。检查其外观绝缘是否良好，有无破损，指针是否摆动灵活，钳口有无锈蚀等。根据电动机功率估计额定电流，以选择表的量程。见图 4-36。

（2）在使用钳形电流表前，应仔细阅读说明书，弄清是交流还是交流和直流两用钳形表。

（3）由于钳形电流表本身精度较低，因此在测量小电流时，可采用下述方法。先将被测电路的导线绕几圈，再放进钳形表的钳口内进行测量。此时，钳形表所指示的电流值并非被测量的实际值，实际电流应当为钳形表的读数除以导线缠绕的圈数。

（4）钳型表钳口在测量时闭合要紧密，闭合后如有杂音，可打开钳口重全一次。若杂音仍不能消除，应检查磁路上各接合面是否光洁；若有尘污时，要将其擦拭干净。

（5）钳形表每次只能测量一相导线的电流，被测导线应置于钳形窗口中央，不可以将多相导线都夹入窗口测量。

（6）被测电路电压不能超过钳形表上所标明的数值，否则容易造成接地事故，或者引起触电危险。

（7）测量运行中笼型异步电动机工作电流。根据电流大小，可以检查和判断电动机工作情况是否正常，以保证电动机安全运行，延长其使用寿命。

（8）测量时，可以每相测一次，也可以三相测一次。此时，表上数字应为零（因三相电流相量之和为零）。当钳口内有两根相线时，表上显示数值为第三相的电流值，通过测量各相电流，可以判断电动机是否有过载现象（所测电流超过额定电流值），电动机内部或（把其他形式的能转换成电能的装置叫做电源）电源电压是否有问题，即三相电流不平衡是否超过10%的限度。

（9）钳形表测量前，应先估计被测电流的大小，再决定用哪一量程。若无法估计，可先用最大量程档然后适当换小些，以准确读数。不能使用小电流挡去测量大电流，以防损坏仪表。

图 4-36　钳形电流表测量电流示意图

注意事项：

（1）在高压回路上测量时，禁止用导线从钳形电流表另接表计测量。测量高压电缆各相电流时，电缆头线间距离应在 300 mm 以上，且绝缘良好。只有在认为测量方便时，才能进行。

（2）观测表计时，要特别注意保持头部与带电部分的安全距离。人体任何部分与带电体的距离不得小于钳形表的整个长度。

（3）测量低压可熔保险器或水平排列低压母线电流时，应在测量前将各相可熔保险或母线用绝缘材料加以保护隔离，以免引起相间短路。

（4）使用高压钳形电流表时，应注意钳形电流表的电压等级。严禁用低压钳形表测量高电压回路的电流。用高压钳形表测量时，应由两个人操作，非值班人员测量还应填写第二种工作票。测量时，应戴绝缘手套，站在绝缘垫上，不得触及其他设备，以防止短路或接地。

（5）钳形电流表测量结束后，把开关拨至最大程挡，以免下次使用时不慎过流，并应将其保存在干燥的室内。

（6）当电缆有一相接地时，严禁测量。防止出现因电缆头的绝缘水平低发生对地击穿爆炸而危及人身安全。

（7）钳形表测量时，旁边靠近的导线电流，对其也有影响，所以还要注意三相导线的位置要均等。

（8）维修时，不要带电操作，以防触电。

3. 图解钳形电流的使用方法

钳形表交流、直流电流测量方法见图 4–37；钳形表电压测量方法见图 4–38；钳形表浪涌电流测量方法见图 4–39。

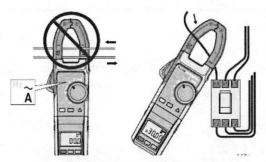

图 4–37　钳形表交流、直流电流测量方法

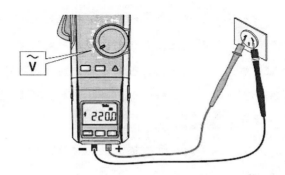

图 4–38　钳形表电压测量方法

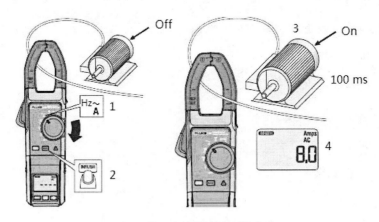

图 4–39　钳形表浪涌电流测量方法

思考题：

1. 一次回路、二次回路的定义是什么？两者的作用分别是什么？

2. 简述钳流表测试电流的原理。

第五章　变流器保养维修

1. 掌握变流系统的工作原理。
2. 熟悉并掌握变流器调试软件的下载步骤及参数设置。
3. 熟悉变流参数调试面板，能够读取日志文件、实时运行数据及故障数据。
4. 能够测试变流系统。
5. 能够通过软件系统查看变流器异常信息，并能够下载变流器故障信息。
6. 学会使用变流器使用手册。

第一节　变流器系统检查

一、变流系统的工作原理

变流器通过对发电机输出的控制，使发电机输出电压的幅值、频率和相位与电网相同，并且可根据需要进行有功和无功的独立解耦控制，能够有效地改善电网接入点的电能品质，体现低电压穿越方面卓越的能力；在电机侧通过 PWM 整流器调节，可以实现永磁同步发电机的最大扭矩、最大效率和最小损耗的控制。由于 PWM 整流器能实时监测到电机频率，通过震动扭矩补偿技术能有效地消除风力发电机组的低频震动，其灵活的控制性能对提高机组的稳定运行非常有利。变流器系统结构图，见图 5–1。

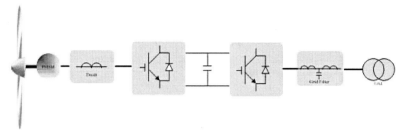

图 5-1　变流器系统结构图

　　变流器采用了功率模块并联技术，网侧和电机侧分别进行控制。其中，网侧控制的目的是稳定直流母线电压，并将高电能质量的电能馈入电网。电机侧控制的目的是跟踪主控给定的参考扭矩指令，并换算成相应的电流指令，控制电机电流，同时实现无速度矢量的速度解算。制动单元模块直接接入直流母排，当直流母线电压超过启动电压，制动单元导通，制动电阻投入工作，对直流母排上的能量进行制动泻放。

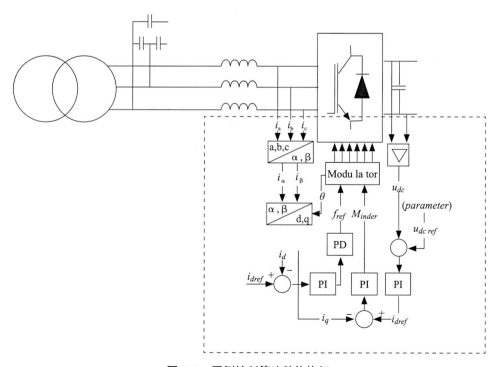

图 5-2　网侧控制算法整体构架

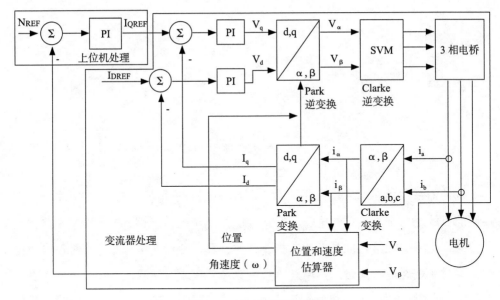

图 5–3　机侧控制原理图

　　变流器网侧控制主要包含直流母线电压的控制和无功控制，同时还要求与电网电压相位角的匹配控制即锁相控制。这三部分控制构成网侧控制算法整体构架，见图 5–2。

　　电机侧控制是基于滑模变结构的无速度矢量控制的速度解算算法。通过跟踪主控给定的参考扭矩指令，并换算成相应的电流指令，控制电机电流，同时实现无速度矢量的速度解算。机侧控制原理图，见图 5–3。

　　下面以金风 2500 kW 风力发电机为例详细介绍变流系统原理。

（一）变流器主要器件及其功能（见表 5–1）

　　变流器主要器件及其功能，见表 5–1。

（二）变流器功率模块

　　2.5MW 变流器共用到 8 个功率模块和一个制动模块。

　　有关 IGBT 功率模块的介绍如下。

表 5–1　变流器主要器件及其功能

主要器件	功能描述
网侧断路器	实现电网和变流器的能量连通与隔离功能，并对变流器起到一定的保护作用
网侧滤波电容	与网侧电抗器一起组成 T 型（LCL）滤波器，降低高频谐波电流，提高馈入电网电流的 THD
网侧电抗器	与网侧滤波电容一起组成 T 型（LCL）滤波器，降低高频谐波电流，提高馈入电网电流的 THD
功率模块	变流，逆变实现的主要功能部件。在控制器给定的脉冲导引下，分别完成电流的变流（机侧）以及逆变（网侧）功能
直流母线电容	储存一定的能量，以起到稳定直流电压和一定的能量缓冲作用，从而实现网侧和电机侧分别独立控制的目的
制动单元	起到直流母线能量泻放的作用，保护变流器系统不因直流过压而损坏
电机侧滤波器	降低 IGBT 开关引起的过电压 du/dt，保护电机的绝缘

（1）模块整体：英飞凌 modstack 功率套件，功率密度大、电流裕度大、控制信号接口完备，兼容性好。

（2）工作温度：–25℃ ~ 55℃。

（3）冷却方式：液体冷却，散热良好。

（4）采用软管连接方案，寿命长，可靠性高。

有关制动单元模块的介绍如下。

（1）模块整体：采用了英飞凌产品，重量轻，功率密度大。

（2）工作温度：–25℃ ~ 55℃。

（3）冷却方式：自然冷却，无需强制风冷。

（4）工作电压：可灵活设定。

（5）主要功能：机组低电压穿越、泄放过剩电能，保护功率系统器件。

（三）控制器及其原理

2.5MW 自主变流控制器构架见图 5–4。

由于 FPGA 在逻辑处理方面具有别的 CPU 器件所不能比拟的优势，所以用它来检测需要响应速度快的信号和生成 PWM 信号等。

MCU，微控制单元，外设较丰富，主要负责变流逻辑处理、通信、外设信

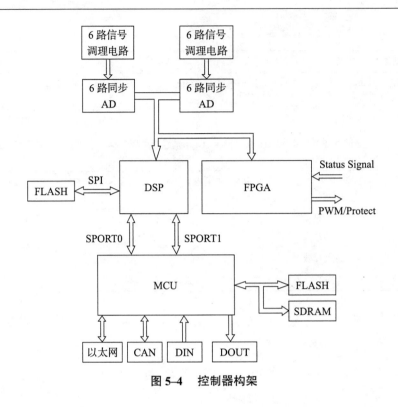

图 5-4　控制器构架

号监控、故障数据记录等工作。

ADSP，核心控制算法，主要模拟信号量（电压、电流和 PT100）的处理。

1. 机侧控制原理

机侧控制原理，见图 5-5。电机侧采用转子磁场定向的矢量控制（磁场定向即 FOC），矢量控制是永磁同步电机高精度控制中广泛采用的一种方法。

矢量控制的核心思想是通过坐标变换建立随永磁体磁场旋转的同步旋转坐标系，将幅值、相位变化的三相电流信号转变为静止的正交分量：Id、Iq。Id、Iq 的物理意义分别对应电机的励磁分量与转矩分量。根据电机运行在不同阶段，可得到不同的 Id、Iq 参考值，然后通过电流、转速双闭环控制系统，使电机跟随给定参数。输出端通过空间电压矢量脉宽调制（SVPWM）技术，控制三相 IGBT 桥从而实现对电机的转速或者转矩的控制。

此种算法需要实时检测永磁同步电机输入三相电流、电机转子位置、直流

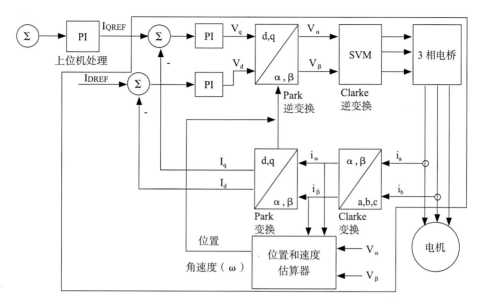

图 5-5　机侧变流器控制框图

侧母线电压。其中，转子位置检测可以采用光电码盘等位置传感器实现，也可通过检测定子电流结合电机参数估算得到。

2. 网侧控制原理

网侧变流器主要将直流逆变成三相交流，同时稳定变流器直流电压。变流器网侧逆变器采用瞬时电流跟踪控制，通过控制直流侧母线电压及输出电流相位从而控制输出有功与无功。以 IGBT1 为例，控制框图，见图 5-6。

经控制系统外环电压调节后的有功电流 Iq，作为内环有功电流分量的参考值，与测量计算获得的 Iq 相比较，形成电流内闭环控制器，控制有功电流在电容器上充放电。这样双闭环系统调节的实质是通过有功电流的调节，最终稳定直流母线电压到设定的直流电压参考值 Vdc*。

控制系统中还包括了无功电流分量 Id 的控制，通过设定无功分量参考值 Id* 可以控制换流器吸收或发送无功功率，达到调节功率因数的效果。在以输送有功为目的 BTB 系统中，无功分量参考值 Id* 一般设定为 0，即系统期望的功率因数为 1。

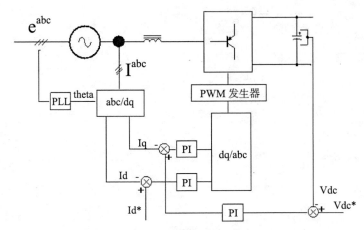

图5-6　网变流器控制框图

3. 制动回路控制原理

制动回路电路由一个单管 IGBT 及卸荷电阻组成，见图5-7。制动回路用于释放这直流侧过多的能量，防止直流侧母线过电压损坏变流器。

由图 X 可知当正负母排电压差超过 1065 V时，即启动制动回路通过卸荷电阻消耗直流侧多余的能量。当正负母排电压差小于 1050 V 时，则退出制动回路，从而达到控制直流侧母线电压的目的。

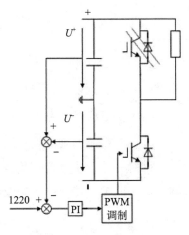

图5-7　制动回路控制框图

（四）控制流程

变流器启动控制流程见图5-8，变流器停止流程见图5-9，变流器故障控制流程见图5-10。

（五）控制器通信原理

控制器采用分布式设计结构，考虑到系统的可靠性和运行数据的安全性，控制器之间采用了可靠性较高的现场总线。在提高故障信息处理能力方面，还专门

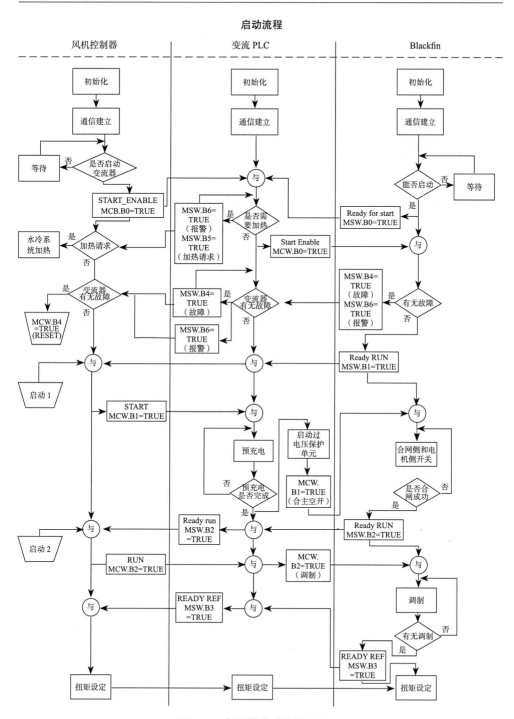

图 5-8　变流器启动控制流程图

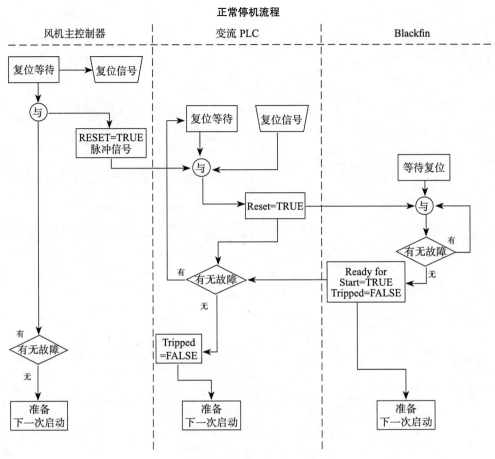

图 5-9　变流器停止流程图

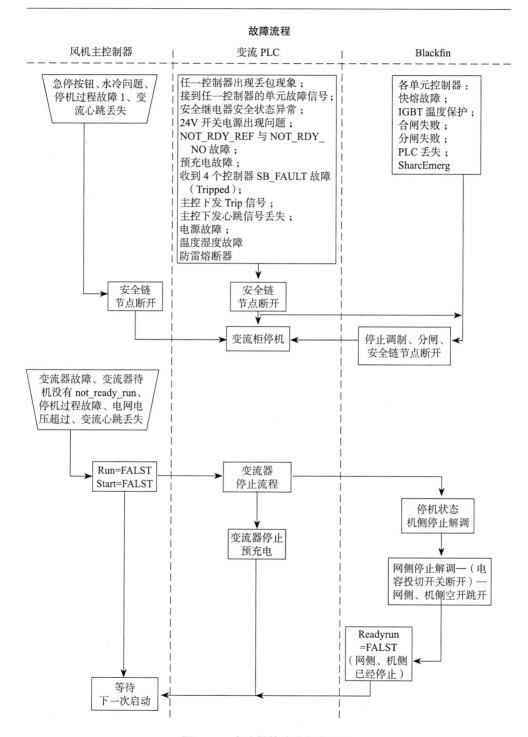

故障流程

| 风机主控制器 | 变流 PLC | Blackfin |

急停按钮、水冷问题、停机过程故障 1、变流心跳丢失

任一控制器出现丢包现象；
接到任一控制器的单元故障信号；
安全继电器安全状态异常；
24V 开关电源出现问题；
NOT_RDY_REF 与 NOT_RDY_ NO 故障；
预充电故障；
收到 4 个控制器 SB_FAULT 故障（Tripped）；
主控下发 Trip 信号；
主控下发心跳信号丢失；
电源故障；
温度湿度故障
防雷熔断器

各单元控制器：
快熔故障；
IGBT 温度保护；
合闸失败；
分闸失败；
PLC 丢失；
SharcEmerg

安全链节点断开

安全链节点断开

变流柜停机

停止调制、分闸、安全链节点断开

变流器故障、变流器待机没有 not_ready_run、停机过程故障、电网电压超过、变流心跳丢失

Run=FALST Start=FALST

变流器停止流程

停机状态机侧停止解调

变流器停止预充电

网侧停止解调—（电容投切开关断开）—网侧、机侧空开跳开

Readyrun =FALST（网侧、机侧已经停止）

等待下一次启动

图 5-10　变流器故障控制流程图

设计了 Ethernet + CAN 双网通信架构。其中，CAN 网络主要实现主控命令的传递以及基层的状态信息，而以太网则作为上层对基层的状态监视，以及故障信息搜集的通道。

二、变流器参数（以金风 2500kW 风机为例）

变流器的主要技术参数，见表 5–2。

表 5–2　变流器的主要技术参数

参数名称	单 位	量 值	备 注
设计容量	kW	2600	—
所需配电容量	kW	110	包括变桨、变流器、水冷系统
有功额定电流	A	2175	网侧相电流
频率变化范围	Hz	47.5~51.5	网侧
无功调节能力	kVar	± 855	—
额定出力的功率因数	—	± 95%	—
直流母线电压峰值	V	1150	—
制动电阻阻值	Ω	0.8/2	单相
运行海拔高度	m	2000	—
运行温度	℃	–25℃ ~ +50℃	—
储存温度	℃	–40 ~ +60	—
适用湿度	—	5% ~ 100%	—
利用效率		97%	—
防护等级	—	IP 54	—

三、变流系统测试（以 2.5 Goldwind 变流为例）

（一）建立 PC 机与变流器通信网络的连接

将 PC 和自制变流器的路由器通过网线连接，并将 PC 机的 IP 地址修改为：192.168.1.21。

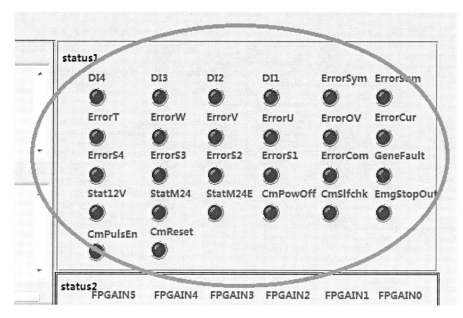

图 5-11　控制器状态 1

（二）选择监视对象

进入 GWMD 软件操作界面后，见图 5-11。将监控对象选择为 "ALL"，运行软件。

（三）功率模块状态指示 1

监视 status1 状态，在正常状态下，1U1、1U3 与 1U4 的 status1 区域的状态灯全部为暗。

（四）功率模块状态指示 2

监视 status2 状态，见图 5-12。在正常状态下，1U1 的 BrkOpen 和 BF_DI0 状态灯亮，1U3 的 BrkOpen 状态灯亮，1U4 状态灯全部为暗。

（五）测试网侧断路器开关

监控对象选择 "1U1"，见图 5-13。断路器闭合，在系统设置点击 "Break

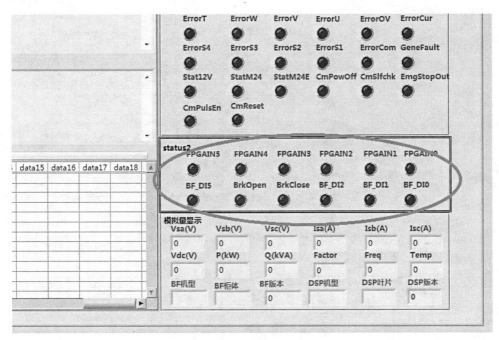

图 5-12　控制器状态 2

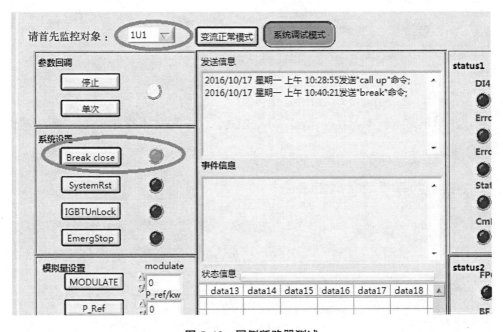

图 5-13　网侧断路器测试

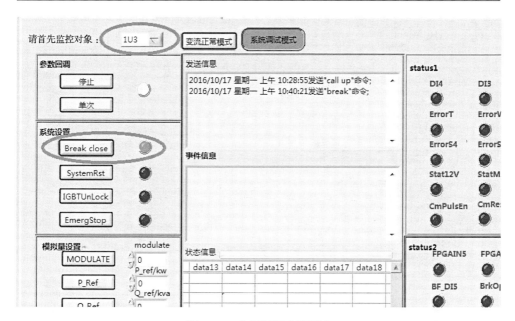

图 5-14　电机侧断路器测试

Open"，状态灯变成亮。Break Close 命令下发，发送信息状态栏中显示"发送"Break"命令"。在正常状态下，在事件信息状态栏中会显示"Break 闭合"，同时会听到断路器吸合的声音。

断路器断开，点击"Break Close"。当状态灯由暗变亮时，Break Open 命令下发。在正常状态下，在事件信息状态栏中，会显示"Break 打开"，同时听到断路器跳开的声音。

（六）测试电机侧断路器开关

监控对象选择"1U3"，见图 5-14。断路器闭合，在系统设置点击"Break Open"，状态灯变成亮，Break Close 命令下发，发送信息状态栏中显示"发送"Break"命令"。正常状态下，断路器闭合成功，在事件信息状态栏中会显示"Break 闭合"，同时会听到断路器吸合的声音。

断路器断开，点击"Break Close"。当状态灯由暗变亮时，Break Open 命令下发。在正常状态下，断路器跳开成功，在事件信息状态栏中会显示"Break

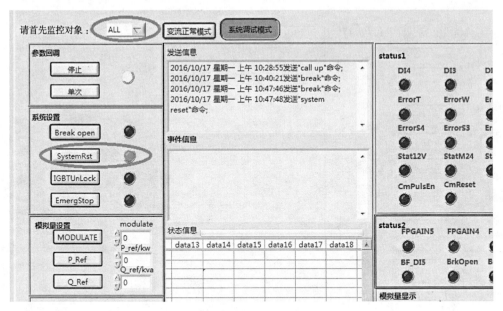

图 5-15　控制器及安全链复位

打开"，同时听到断路器跳开的声音。

（七）控制器复位

监控对象选择："ALL"，见图 5-15。

系统设置状态栏中点击一次"SystemRst"，下发一次命令。在发送信息状态栏内，显示"发送'System Reset'命令"。在正常状态下，如果复位成功，事件信息状态栏中会显示"1U1_EMERG_OK"。

（八）预充电功能

预充电功能是变流器为减少电网侧高电压，对功率单元及相关器件的冲击而进行的对直流母线电压预先充电（690 ~ 740 V）的行为，见图 5-16，对预充电回路的测试具体步骤如下。

（1）进入 GWMD 监控软件的"PLC 控制"界面。

（2）点击"PreCharg"按键（变为"Break Open"）。

（3）在点击"PreCharg"按键的同时，会听见控制柜内预充电接触器 13KM

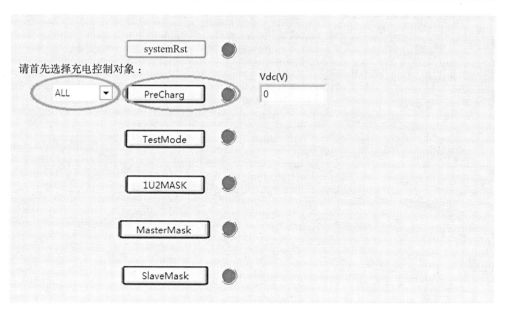

图 5–16　预充电测试

吸合的声音，说明预充电回路没有问题。

（九）加热除湿功能测试

变流器的工作条件很不固定，可能工作在低温或潮湿环境下，这时就需要变流器为各功率单元提供加热或除湿装置。变流器加热和除湿功能的测试方法如下。

（1）闭合主控柜内 400V 电源开关，以及变流器控制柜内各断路器开关。

（2）将柜体内的温度和湿度控制器调节至现场环境温度以下或湿度以上。

（3）查看各加热器和除湿机是否正常工作。

（十）水冷柜参数设置

水冷柜作为整个变流器系统的冷却装置，它针对冷却水路的流量和进出水压都有相应的检测和调节功能。水冷柜作为用来自我调节标准的相关参数，见表 5–3。

表 5–3　水冷参数表

参数名称	具体参数	单　位
进出阀温差	5	℃
排气电磁阀关	3.00	Pa
排气电磁阀开	3.20	Pa
气泵启动	1.6	—
气泵停止	2.00	—
进阀温度高	47.5	℃
进阀温度超高	48.0	℃
进出阀温差高	6.0	℃
进出阀温差超高	6.5	℃
启 3 号风机	36.0	℃
启 2 号风机	34.0	℃
启 1 号风机	32.0	℃
三通阀工作低值	24.0	℃
三通阀工作高值	28.0	℃
压差计算流量系数	195	—
进阀压力高	3.20	—
进阀压力超高	3.50	—
冷却水流量低	100	—
冷却水流量超低	80	—
进阀压力低	1.20	—
进阀压力超低	0.9	—
加热器停止	15	℃
加热器启动	13	℃

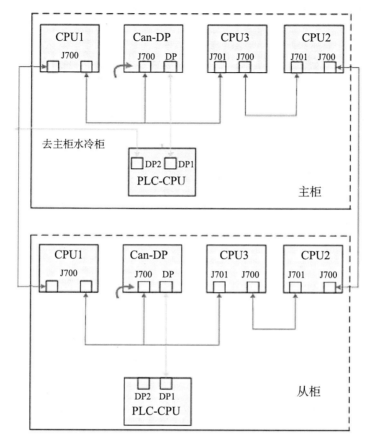

图 5–17　变流器 CAN 网络连接图

（十一）变流器通信网络的调试

国产 2.5 MW 变流器采用的各控制器和 PLC 控制单元之间的通信网络采用的是可靠性相对较高的 CAN 总线。其网络结构，见图 5–17。网络调试具体的步骤如下。

（1）按网络结构构建主柜与主控柜、主柜与从柜的通信网络。

（2）依次闭合控制柜内各供电开关，再次检查变流器主从柜各控制器和 PLC 供电是否正常。

（3）通过 PC 机分别将 GWMD 后台监控软件和 Step7 在监视模式下运行，

检查网络/总线通信是否正常。

四、变流器调试软件下载（以金风 2500kW 风机为例）

（一）PLC 程序下载

准备工作，将电脑通过网线连接到变流柜内的路由器上（对于 2.5 MW 的机组只需要更新主柜 PLC 程序），并将电脑 IP 设置为 192.168.150.21，子网掩码设置为 255.255.255.0，见图 5–18。

安装 STEP 7 软件（见 STEP 7 安装过程）。打开 SIMATIC Manager 软件。第一次使用 SIMATIC Manager 软件时，需要设置软件的通信方式。在打开的软件菜单栏中选择"选项"，进入"PG/PC"设置选项，见图 5–19。

在弹出窗口中选择 TCP/IP → 对应电脑有线的网卡型号。第一次设置完以后，

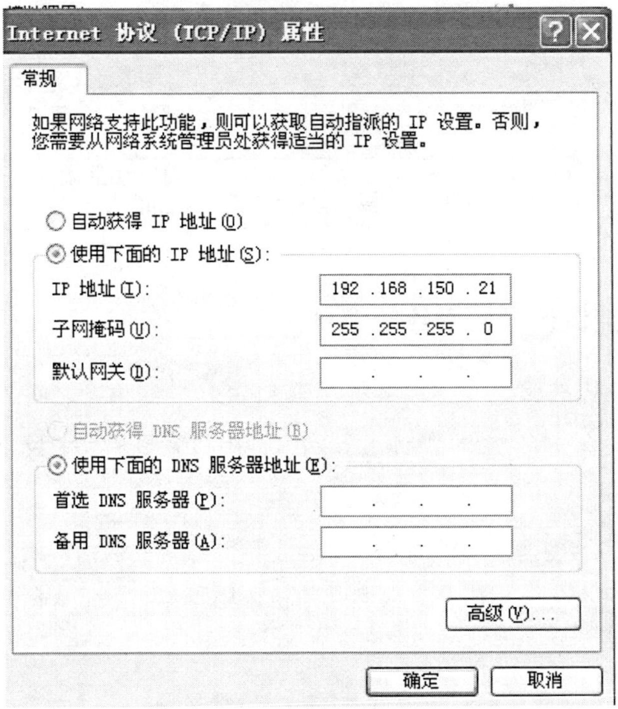

图 5–18 IP 地址设置

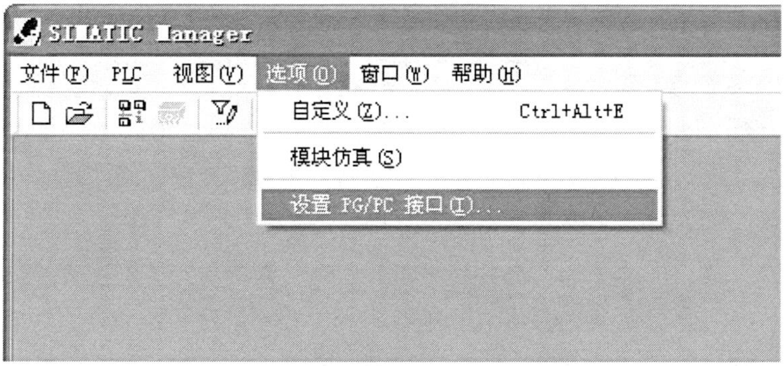

图 5–19　进入"PG/PC"设置选项

图 5–20　PG/PC 设置对话框

不用再设置该选项了，见图 5–20。

通过"文件 / 打开"或者工具栏上的打开按钮找到程序，见图 5–21。

点击"打开"，出现"打开项目"窗口，点击"浏览"，见图 5–22。

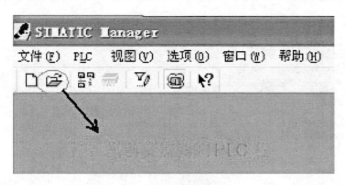

图 5-21　打开文件

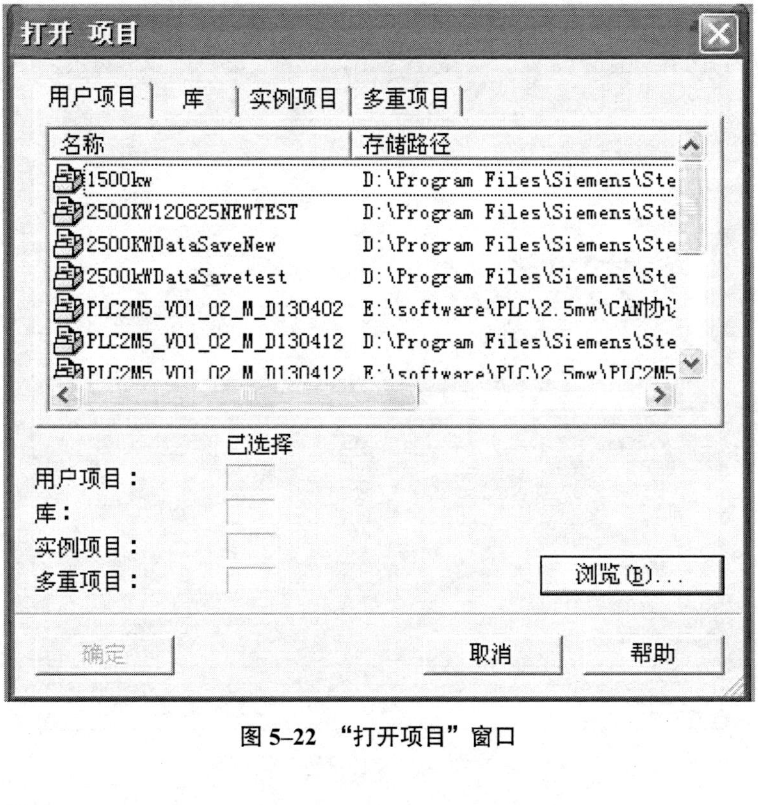

图 5-22　"打开项目"窗口

　　找到当前 PLC 程序所在位置，选中该项目点击"确定"，见图 5-23，打开后的程序，见图 5-24。

　　程序下载过程如下所示。选中站点点击下载，见图 5-25。如果出现选择节点地址窗口，请按照下面的操作；如果没有出现，可略过该步骤。

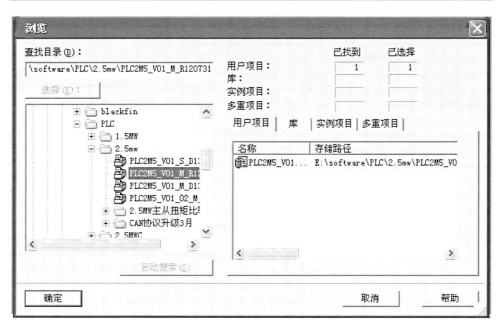

图 5-23 浏览对话框

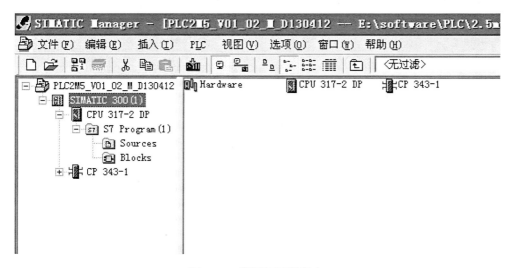

图 5-24 所要打开的程序

然后点击"确定",见图5-26,图5-27。出现下载提示框,点击"是",开始下载,见图5-28。

在弹出的提示框中,继续选择"是",见图5-29。在弹出的提示框中,继续

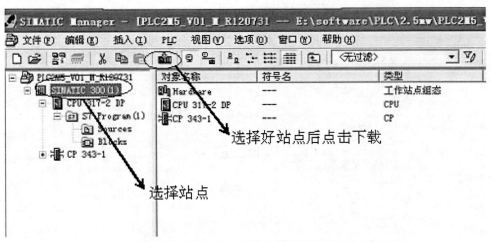

选择好站点后点击下载

选择站点

选择 SIMATIC 300 站点击工具栏中的下载

图 5-25　程序下载图

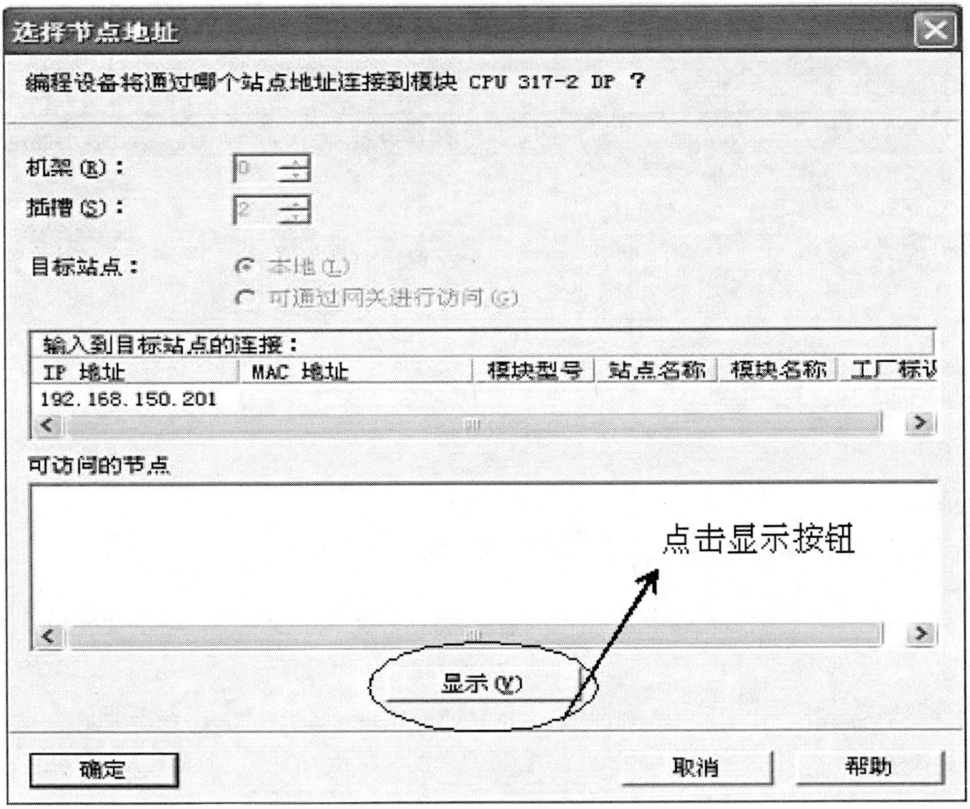

选择节点地址

编程设备将通过哪个站点地址连接到模块 CPU 317-2 DP ?

机架 (R)：　　　0

插槽 (S)：　　　2

目标站点：　　　◉ 本地 (L)
　　　　　　　　○ 可通过网关进行访问 (G)

输入到目标站点的连接：

IP 地址	MAC 地址	模块型号	站点名称	模块名称	工厂标识
192.168.150.201					

可访问的节点

点击显示按钮

显示 (Y)

确定　　　　　　　　　　　　取消　　　帮助

图 5-26　节点地址选择对话框 1

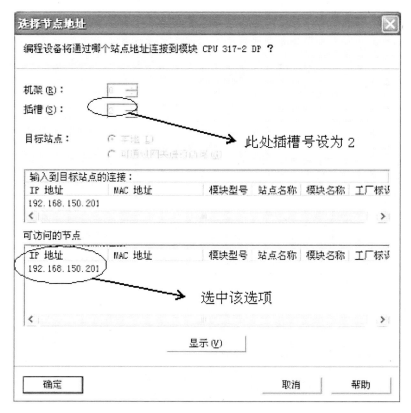

图 5–27 节点地址选择对话框 2

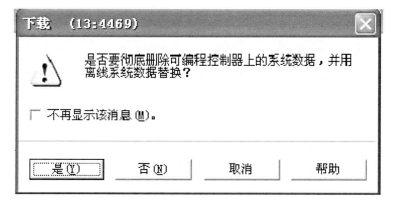

图 5–28

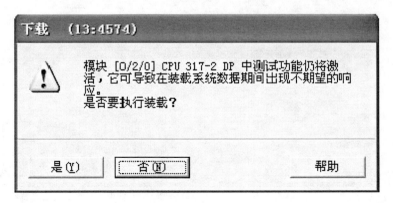

图 5-29

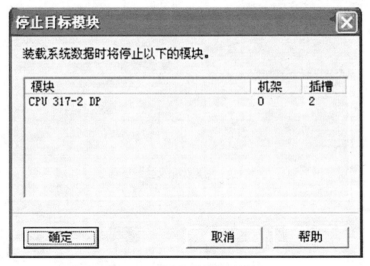

图 5-30　停止目录模块对话框

选择"确定",停止当前 PLC,见图 5-30。在弹出的提示框中,继续选择"全部",覆盖之前的程序,见图 5-31。程序下载完成后,点击"是"启动 PLC,程序下载完成,见图 5-32、图 5-33。

完成以上操作后,程序下载完成,然后检查 PLC 的 RUN 指示灯是否亮启。

如果在以上步骤中出现了错误,须重新下载一遍。

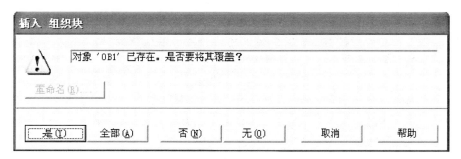

图 5-31

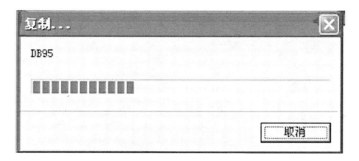

图 5-32　程序下载

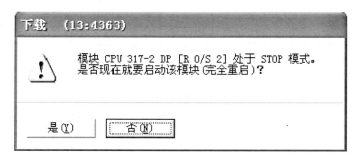

图 5-33

（二）ADSP 芯片烧写步骤

（1）烧写程序时，见图 5-34。先接好仿真器，再打开控制器电源，控制器上烧写 DSP 程序的仿真接口是 J 300。

（2）从"开始"菜单中打开编译程序，见图 5-35。

（3）如果之前已经配置过 Session，可跳过步骤 3~8 的部分，直接到达步骤 9 进行操作。首次建立仿真器和控制器的连接。选中下拉菜单"Session"中的"New Session"选项，见图 5–36。

（4）在弹出菜单中，选择"SHARC"系列芯片中的"ADSP–21262"。点击"Next"，见图 5–37。

（5）选择"Emulator"，点击"Next"，见图 5–38。

（6）选择"ADSP–21262 via HPUSB–ICE"，见图 5–39，点击"Next"。

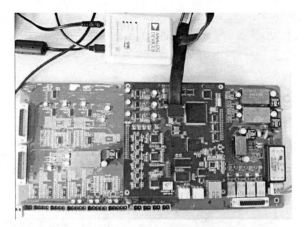

图 5–34　ADSP 芯片烧写实物图

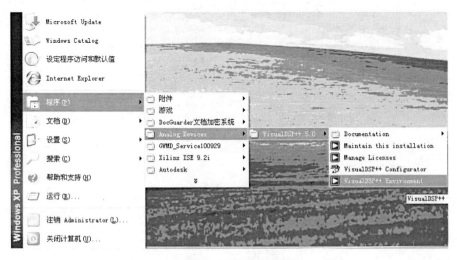

图 5–35　打开编译程序

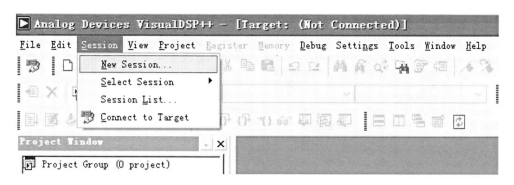

图 5-36　建立仿真器和控制器连接

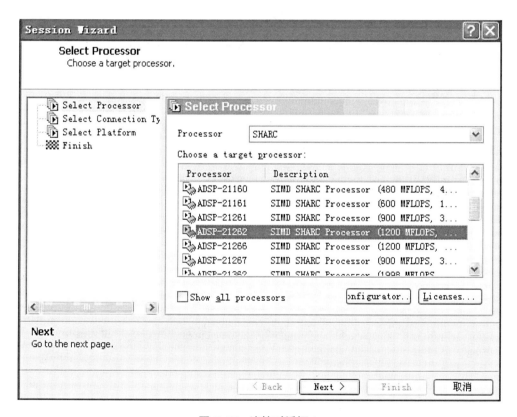

图 5-37　连接对话框 1

（7）点击"Finish"，见图 5-40。

（8）进入编译软件操作界面，见图 5-41。

（9）建立仿真器与 DSP 的连接，见图 5-42，可以直接从下拉菜单"Select

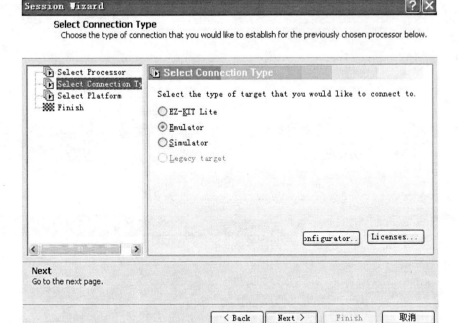

图 5-38 连接对话框 2

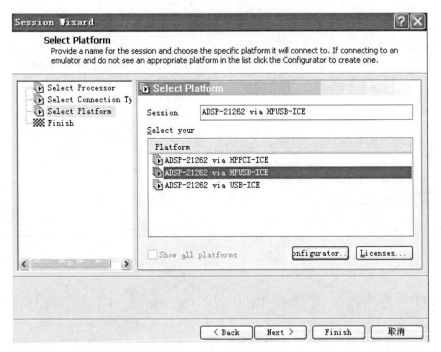

图 5-39 连接对话框 3

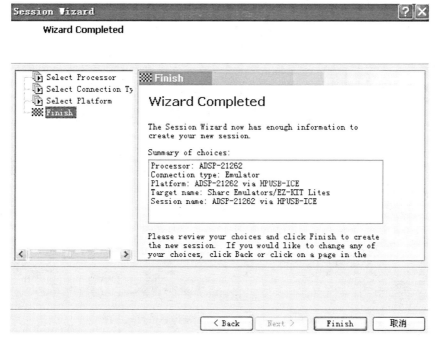

图 5–40　连接对话框 4

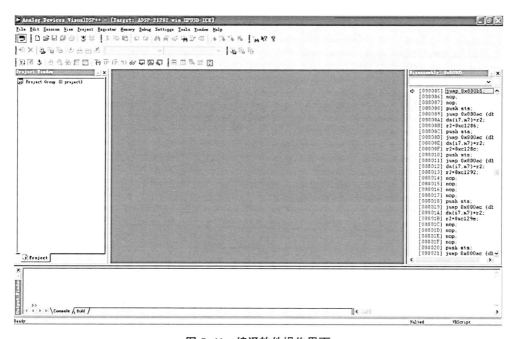

图 5–41　编译软件操作界面

Session"中，选择"ADSP–21262 via HPUSB–ICE"选项。也可直接点击位于屏幕左上角的"Connect to Target/Disconnect from Target"图标，建立／撤销仿真器与 DSP 的连接，见图 5–43。

（10）从下拉菜单"Tools"中选择"Flash Programmer"选项，见图 5–44。

（11）在"Driver"选项卡中，点击"Browse..."图标，见图 5–45。

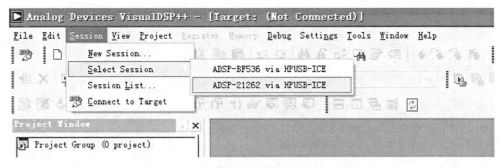

图 5–42　建立仿真器与 DSP 连接方式 1

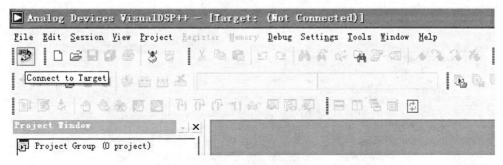

图 5–43　建立仿真器与 DSP 连接方式 2

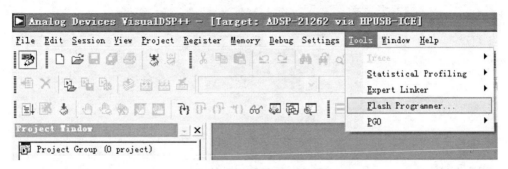

图 5–44　选择"Flash Programmer"选项

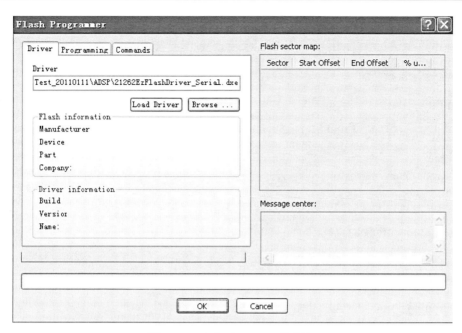

图 5-45　点击"Browse..."图标

图 5-46　打开路径

（12）选择目标文件的存放路径，见图 5-46。

（13）选择"21262EzFlashDriver_Serial.dxe"文件，点击"打开"，见图 5-47。

（14）点击"Load Driver"，当消息栏中显示"Success：Driver loaded."时，装载完成，见图 5-48。

（15）切换到"Programming"选项卡，各选项如下配置，点击"Browse..."，选择目标文件，见图 5-49。

（16）选择所需目标文件，点击"打开"，见图 5-50。

（17）点击"Program"，当消息栏中显示"Success：Program complete."时，烧写完成，见图 5-51。

（18）点击"Disconnect from Target"，断开仿真器与 DSP 的连接，见图 5-52。

（19）切断控制器电源。

（20）断开仿真器与控制器的硬件连接，烧写工作完成。

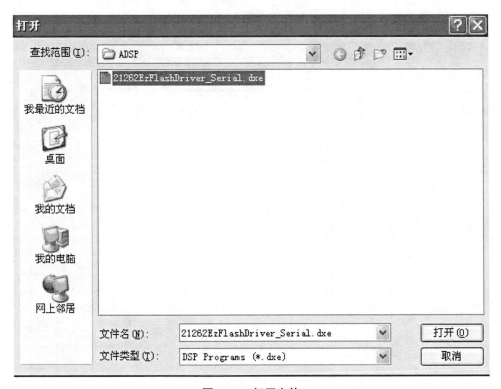

图 5-47　打开文件

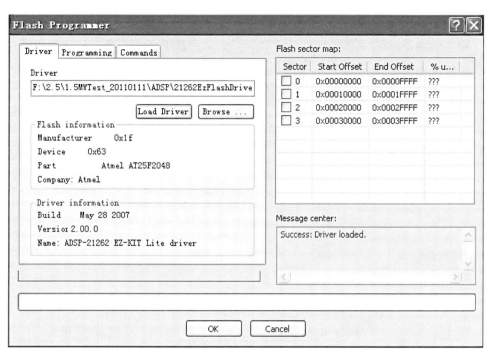

图 5–48　装载文件

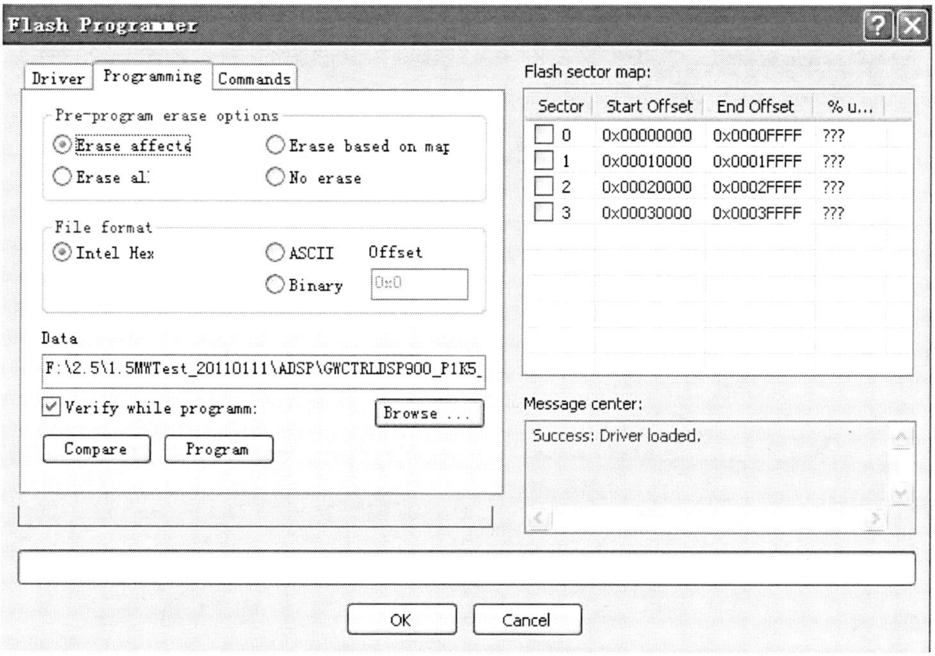

图 5–49　选择目标文件

图 5-50　打开目标文件

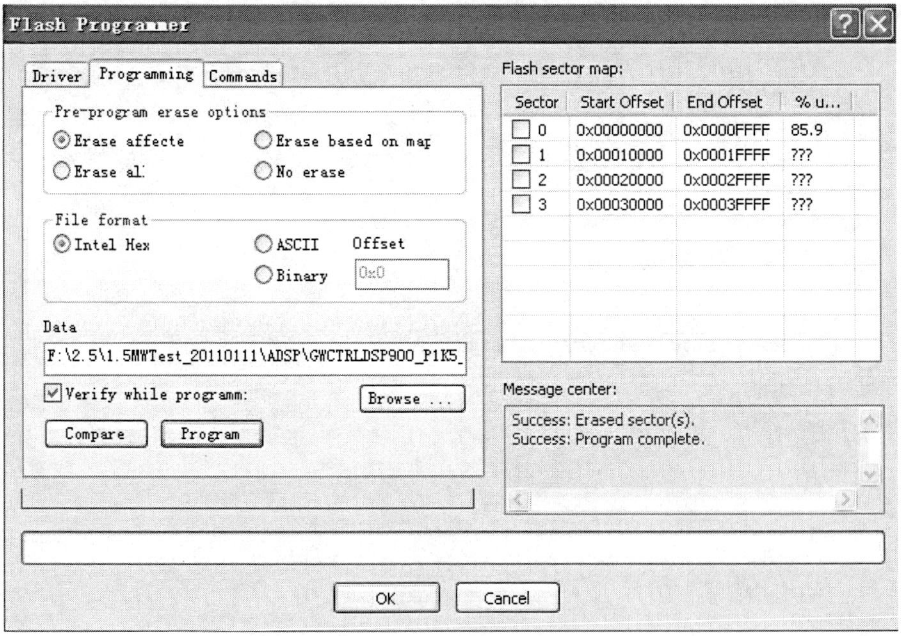

图 5-51　烧写目标文件

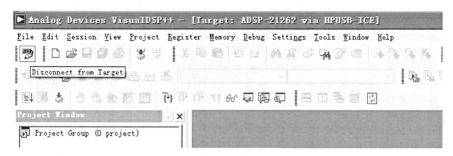

图 5–52 断开仿真器与 DSP 的连接

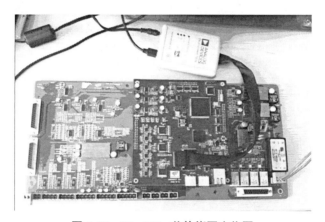

图 5–53 BlackFin 芯片烧写实物图

（三）BlackFin 芯片烧写步骤

（1）烧写程序时，见图 5–53。先接好仿真器，再打开控制器电源，控制器上烧写 BLACKFIN 程序的仿真接口是 J 500。

（2）从"开始"菜单中打开编译程序，见图 5–54。

（3）如果之前已经配置过 session，可跳过步骤 3~8 的部分，直接到达步骤 9 进行操作。首次建立仿真器和控制器的连接，选中下拉菜单"Session"中的"New Session"选项，见图 5–55。

（4）在弹出菜单中选择"Blackfin"系列芯片中的"ADSP–BF536"，点击"Next"，见图 5–56。

（5）选择"Emulator"，点击"Next"，见图 5–57。

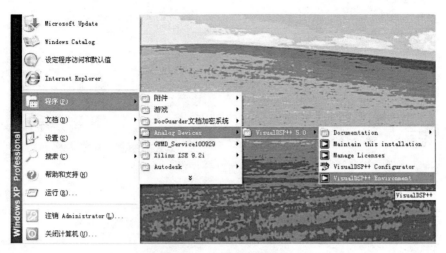

图 5-54　打开编译程序

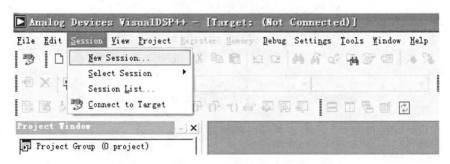

图 5-55　建立新连接

（6）选择"ADSP–BF536 via HPUSB–ICE"，点击"Next"，见图 5–58。

（7）见图 5–59，点击"Finish"。

（8）进入编译软件操作界面，见图 5–60。

（9）建立仿真器与 BLACKFIN 的连接，见图 5–61。直接从下拉菜单"Select Session"中，选择"ADSP–BF536 via HPUSB–ICE"选项；也可以直接点击位于屏幕左上角的"Connect to Target/Disconnect from Target"图标，建立 / 撤销仿真器与 DSP 的连接，见图 5–62。

（10）从下拉菜单"Tools"中选择"Flash Programmer"选项，见图 5–63。

（11）在"Driver"选项卡中点击"Browse..."图标，见图 5–64。

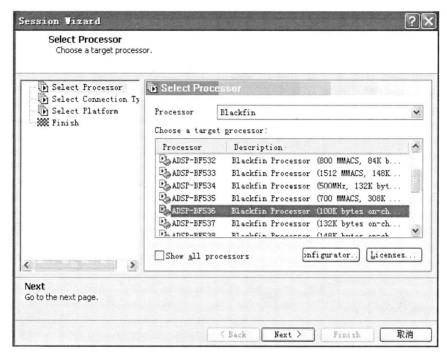

图 5-56　连接对话框 1

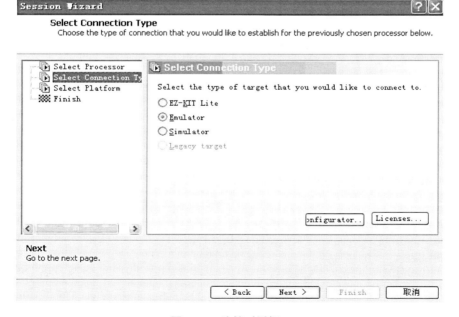

图 5-57　连接对话框 2

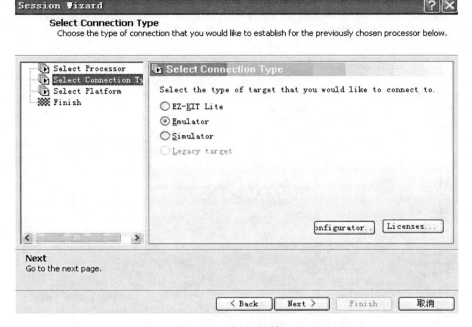

图 5-58 连接对话框 3

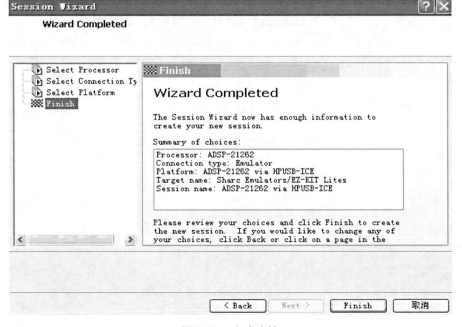

图 5-59 完成连接

图 5-60　打开编译操作界面

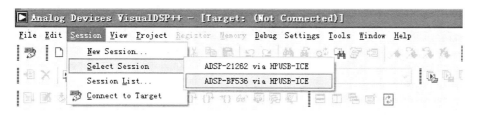

图 5-61　连接方式 1

图 5-62　连接方式 2

（12）选择目标文件的存放路径，见图 5-65。

（13）见图 5-66，选择"BF537EzFlashDriver.dxe"文件，点击"打开"。

（14）见图 5-67，点击"Load Driver"，当消息栏中显示"Success：Driver loaded."时，装载完成。注意"Flash information"信息栏中制造厂家和设备的信息，如果与图 5-68 不同，程序的烧写就会有问题。

（15）切换到"Programming"选项卡，各选项如下配置，点击"Browse..."，选择目标文件，见图 5-69。

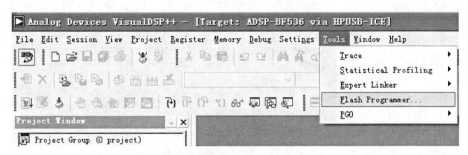

图 5-63　选择"Flash Programmer"选项

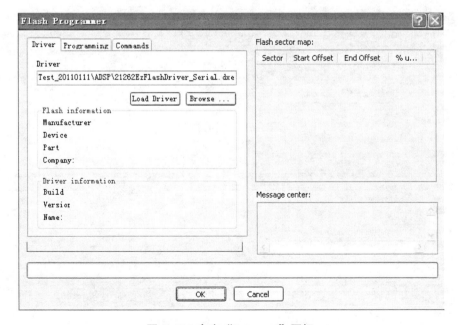

图 5-64　点击"Browse..."图标

图 5-65　选择目标文件

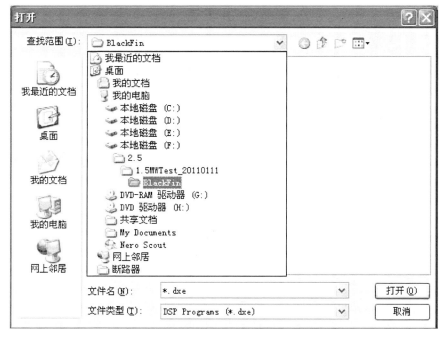

图 5-66　打开目标文件

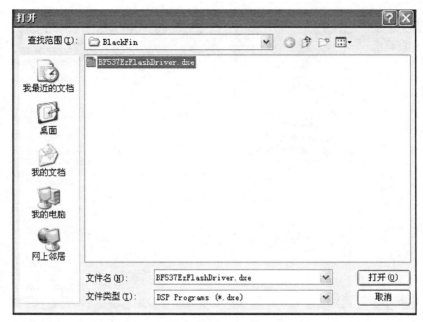

图 5-67 烧写完成图

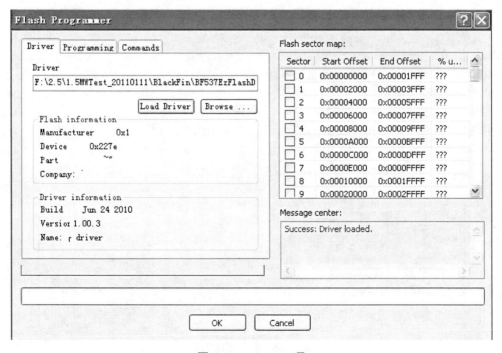

图 5-68 Director 项

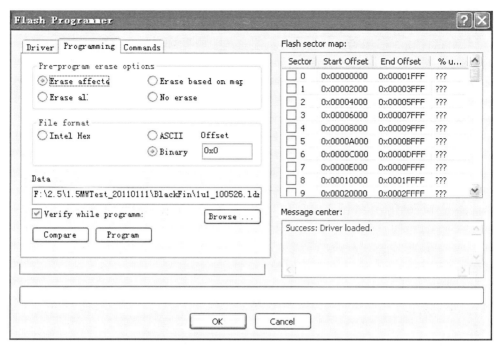

图 5-69　"Programming"选项卡设置

（16）选择所需目标文件，点击"打开"，见图 5-70。

（17）点击"Program"，当消息栏中显示"Success：Program complete."时，烧写完成，见图 5-71。

（18）点击"Disconnect from Target"，断开仿真器与 BLACKFIN 的连接，见图 5-72。

（19）切断控制器电源。

（20）断开仿真器与控制器的硬件连接，烧写工作完成。

（四）FPGA 芯片烧写步骤

（1）烧写程序时，先接好仿真器，再打开控制器电源。控制器上烧写 FPGA 程序的仿真接口是 J400。

（2）从"开始"菜单中打开烧录程序，见图 5-73。

（3）弹出的对话框，选择"creat a new project"，点击"OK"，见图 5-74。

图 5-70　打开所需目标文件

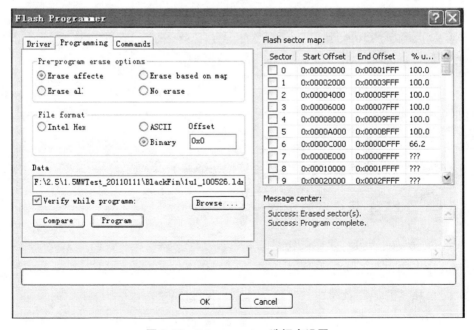

图 5-71　Programming 选择卡设置

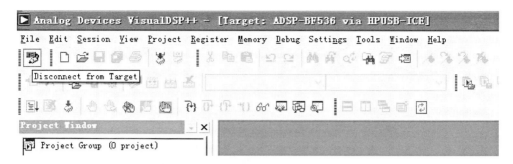

图 5-72 断开仿真器与 BLACKFIN 的连接

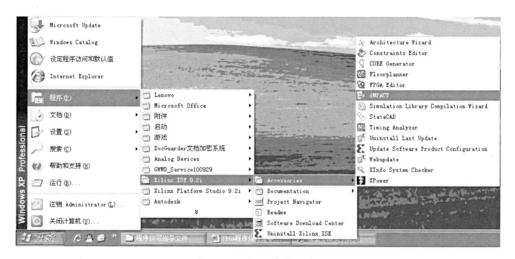

图 5-73 打开烧录程序

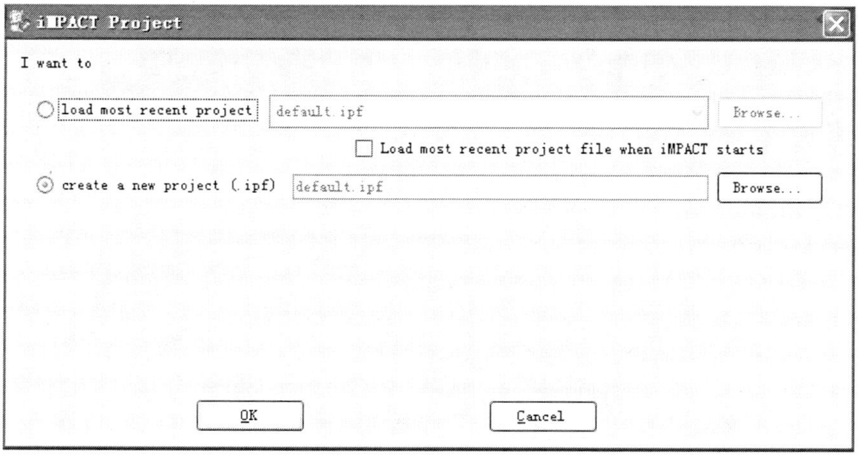

图 5-74 打开烧录对话框

（4）选择第一个选项，点击"Finish"，见图5–75。

（5）在之后弹出的对话框中，选择需要烧写的目标程序文件。例如"123. mcs"，点击"Open"。见图5–76。

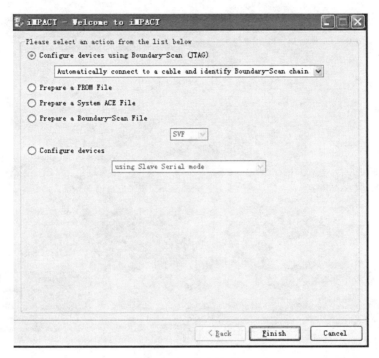

图 5–75　点击完成

图 5–76　选择烧录目标程序步骤 1

图 5–77 选择烧录目标步骤 2

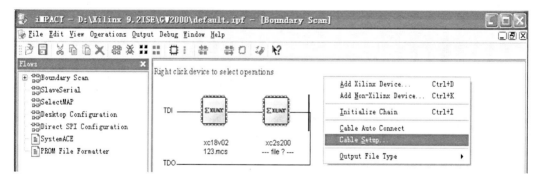

图 5–78 选择"Cable Setup"

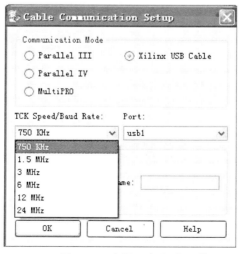

图 5–79 步骤 8 点击"OK"

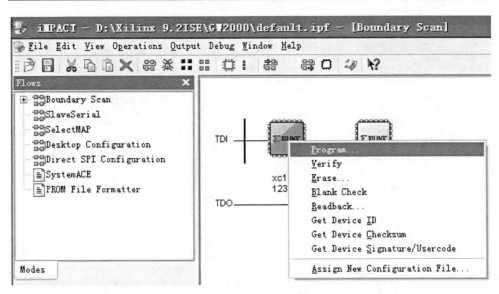

图 5-80　步骤 9 示意图

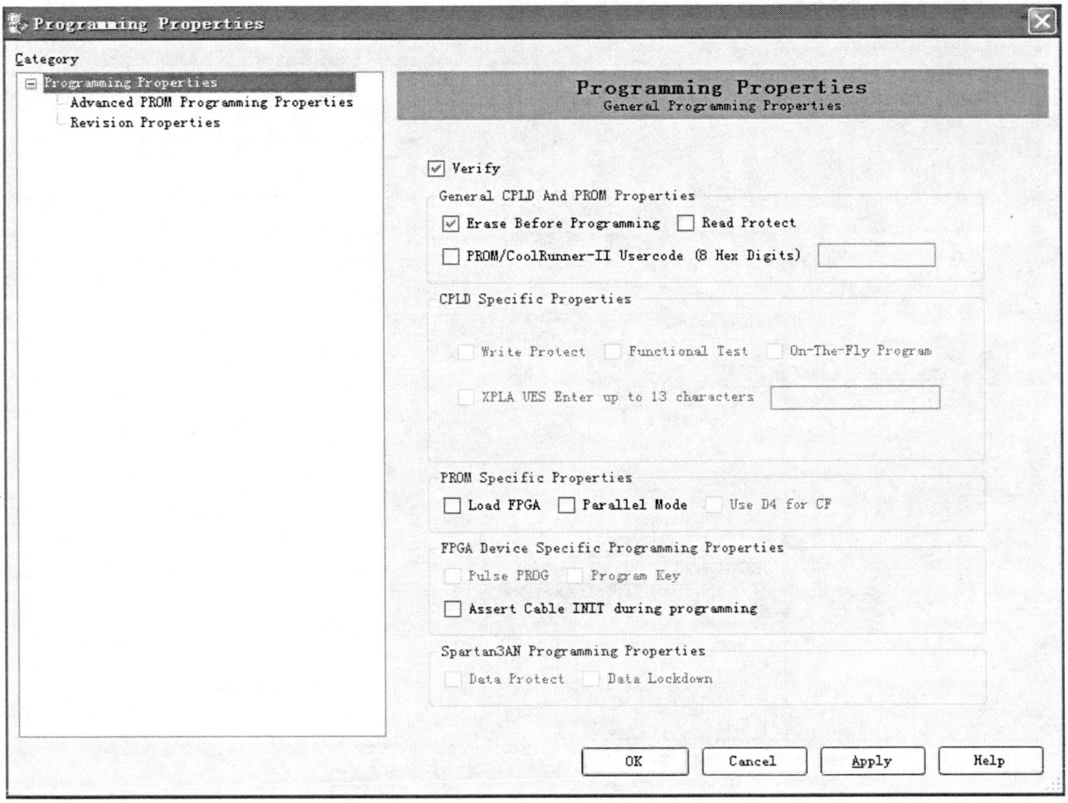

图 5-81　完成烧写

（6）在之后弹出的对话框中，点击"Cancel"，见图 5–77。

（7）在空白工作区域中，点击鼠标右键，在弹出菜单中选择"Cable Setup"，见图 5–78。

（8）选择"750KHz"，点击"OK"，见图 5–79。

（9）鼠标右键点击绿色图标，在弹出菜单中选择第一个选项，见图 5–80。

（10）点击"OK"，见图 5–81。

（11）程序烧写完成后，显示如下信息，见图 5–82。

（12）切断控制器电源。

（13）断开仿真器与控制器的硬件连接，烧写工作完成。

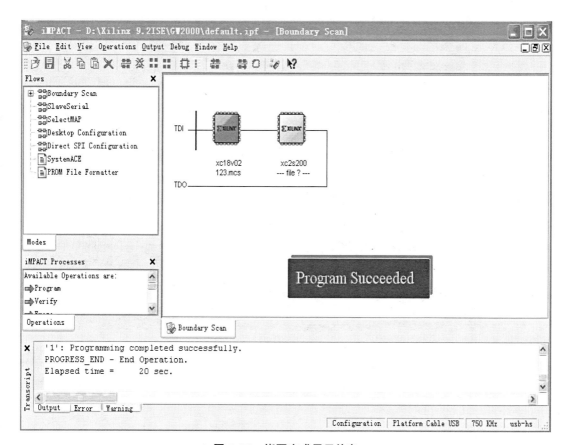

图 5–82　烧写完成显示信息

第二节 变流系统维修

一、变流器监视软件使用手册（以 2.5 Goldwind 为例）

Goldwind 变流器正常运行或发生故障时，现场人员需要观察变流器的运行数据，并对故障数据进行分析。可以使用 GWMD 软件，调用所需的数据。

GWMD 软件按功能将前台划分为三个面板：监控数据及显示面板、变流参数调试面板、PLC 控制面板。其中，变流参数调试面板的主要功能是读取 Goldwind 变流器的日志文件、实时运行数据和故障数据。见图 5-83。

（一）日志文件读取

现场需要查看变流器的运行日志文件时，可按照以下步骤进行读取。

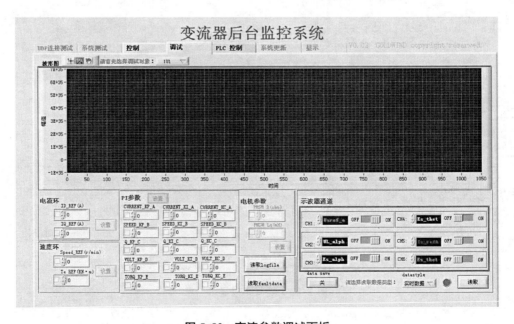

图 5-83 变流参数调试面板

（1）选取读取对象。选取读取日志文件的对象，见图5-84中第1区域。如需要读取网侧数据，可以选择1U1。

（2）程序运行。点击 ⟱ ，当箭头变为 ⟱ ，表示程序开始运行。见图5-84中的2区域。

（3）读取日志文件。按下 读取logfile 键，日志文件自动保存在默认路径 D:\ 下的文本文件，见图5-84中的第3区域。这里以1U1日志文件为例，生成的日志文件路径是 D:\257logfiledata_20100930.txt。其中，257表示1U1的ID号。

（二）实时数据读取

（1）选取读取对象。选取读取日志文件的对象，见图5-85中的第1区域。如需要读取网侧数据，可以选择1U1。

（2）程序运行。点击 ⟱ ，当箭头变为 ⟱ ，表示程序开始运行。见图5-85中的2区域。

（3）实时数据读取和存储，见图5-85中的3区域。在示波器的频道上 CH1 选取要读取的参数，并将如图5-85中的4区域所示开关 OFF ON 打

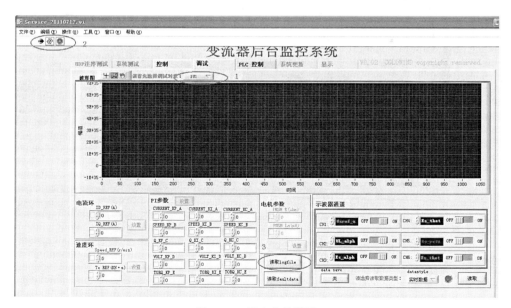

图5-84　日志文件读取

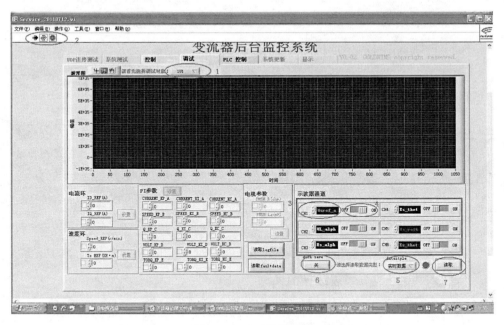

图 5-85　实时数据读取

在 ON 上。在 datastyle 上见图 5-85 中 5 区域 ![datastyle 实时数据] 选择为实时数据，按下 data save 键，见图 5-85 中 6，由 ![data save 关] 状态变为 ![data save 开]，接着按图 5-85 中 7 读取键 ![读取]。这时，可以看到旁边的绿灯闪烁，表示正在读取数据，同时在波形图区域有波形图的显示。

（4）按图 5-85 中 7 停止键 ![停止] 时，数据读取停止。这时，可以在默认地址 D：\ 下找到实时数据的存储文本文件。以 1U1 实时数据记录为例，其文件路径 D：\257RTdata0_20100930.txt。其中，257 表示 1U1 的 ID，RTdata 表示实时数据，0 表示第几个参数。

（三）故障数据

当变流器发生故障时，需要读取故障数据，可按照以下步骤进行。

（1）选取读取对象。选取读取日志文件的对象，见图 5-86 中的第 1 区域。如需要读取网侧数据，可以选择 1U1。

（2）程序运行。点击 ![箭头]，当箭头变为 ![箭头]，表示程序开始运行。见图 5-86

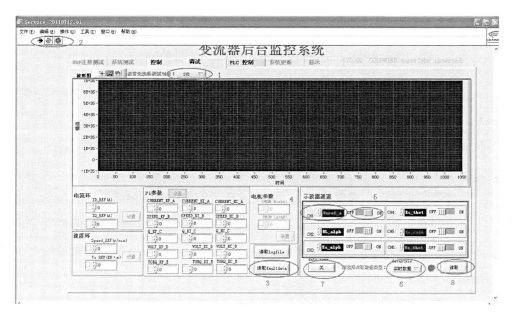

图 5-86　故障数据读取

中的 2 区域。

（3）读取故障文件，见图 5-86 中的 3 区域。首先，在日志读取区域按下

读取faultdata 按键，将故障录播从 FLASH 中读取出来。接下来，在图 5-86 中的 4 区域，

在示波器的频道上 CH1: 选取要读取的参数，并将图 5-86 中 5 开关 OFF　ON

打在 ON 上，选择要读取的参数。在图 5-86 中的 6 区域 datastyle 上 故障数据 选择

为故障数据，按下 data save 键，由 关 状态变为 开 ，表示存储故障数据。

最后，按下图 5-86 中 8 读取键。这时，可以看到旁边的指示灯闪烁，表示正在

读取数据 读取 ，同时在波形图区域有波形图的显示。

（4）当故障数据读完时，指示灯熄灭。这时，可以在默认地址 D：\ 下找

到故障数据的存储文本文件。以 1U1 实时数据记录为例，其文件路径为 D：

\257FAdata0_20100930.txt。其中，257 表示 1U1 的 ID，FAdata 表示故障数据，0

表示第几个参数。

二、变流器故障手册（以金风 2.5MW 变流器为例）

金风 2.5 MW 变流器与主控之间的故障通信采用分布式主从站的结构。主控 PLC（倍福）作为主站，变流器 PLC（西门子）作为子站，通信速率为 3 Mbps，通信周期为 40 ms，通信数据总长度为 30 个字。即在正常情况下，每间隔 40 ms 变流器 PLC（西门子）通过 Profibus 总线向主控 PLC（倍福）上传一次长度为 1 个字的故障字，进而主控再将收到的故障字通过以太网在主控面板上做逐位二进制显示。在变流器内部，变流器 PLC（西门子）作为 DP 主站，CAN_DP 网关（ESD）作为 DP 子站，通信速率为 12 Mbps，CAN_DP 网关另一端通过 CAN 总线与 4 块控制板串联，波特率设置为 250 Kbit/s 通信周期为 20 ms。

 **思考题**：

1. 简述变流系统在机组中的作用。

2. 简述 IGBT 模块的工作原理，以及在机组运行中的作用。

3. 变流器直流母线电压的控制原理是什么？

4. 为什么变流器在合闸前要预充电？

5. 怎样读取并下载变流器故障文件？

第六章 变桨系统保养维修

1. 掌握变桨系统的工作原理。

2. 熟悉变桨系统中元器件的工作原理，并掌握元器件故障对变桨系统的影响。

3. 熟悉并掌握变桨控制程序的下载方法及关键元器件的参数设置。

4. 能够处理与叶片角度、变桨速度等相关的故障。

5. 熟悉机组防雷系统的工作原理，并掌握防雷系统故障的处理方法。

第一节 控制部件功能检测

一、变桨系统原理（金风 2.5 MW 机组 Vensys 变桨控制系统）

在 Vensys 变桨系统中，每个桨叶变桨角度都采用一个伺服电动机进行调节控制，由主控制系统控制三个桨叶的同步变桨。叶片角度位移传感器采用旋转编码器，安装在伺服电动机输出轴后端上，采集电动机转动角度。伺服电动机通过减速器及齿形带，带动桨叶进行转动，实现对桨叶的节距角的控制，见图 6–1。在变桨驱动支架上安了两个接近开关，直接监测叶片转动的角度，并校验旋转编码器的信号是否正确。当叶片转过特定角度（5° 和 87°），接近开关输出 24 V 高电平信号。叶片角度来源于安装在变桨电机后方输出轴上的旋转编码器，接近开关作为冗余控制的参考值，它直接反映的是桨叶节距角的变化。当旋转编码器出

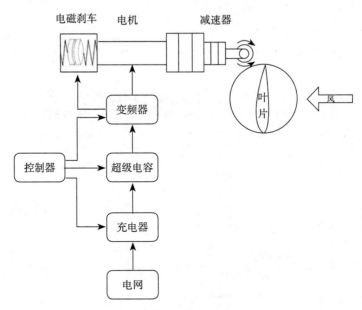

图 6–1　Vensys 变桨控制系统原理

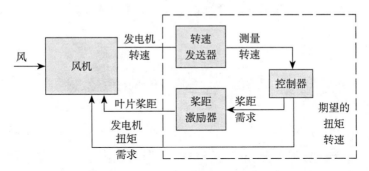

图 6–2　Vensys 变桨控制系统原理结构图

现故障时，PLC 控制器便可知道系统出现故障，报出故障顺桨停机。

　　如果系统出现故障，如电网电源断电时，电机由超级电容供电，可保障 60s 内将桨叶快速调节为顺桨位置。变桨电机后轴安装了电磁刹车装置，可保证机组叶片安全地固定在某一角度上。当 AC-2 驱动电机变桨时，电磁刹车打开，叶片在电机的带动下转动；当 AC-2 停止驱动电机变桨时，电磁刹车关闭，使叶片固定停止在固定角度上，见图 6–2。

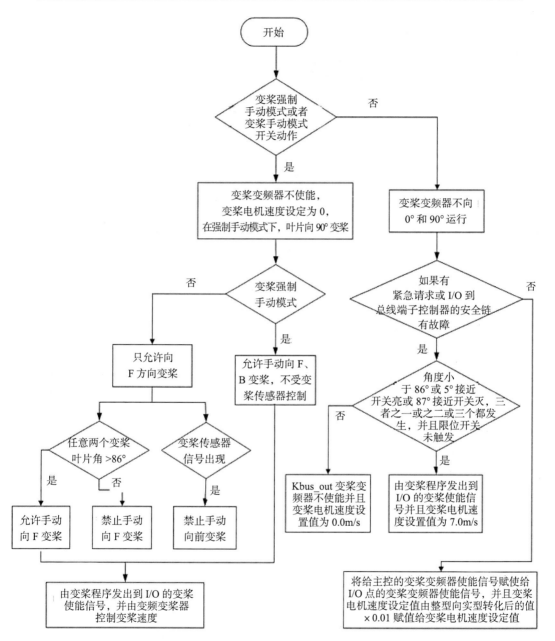

图 6–3 Vensys 变桨系统控制流程图

Vensys 变桨系统动作方式分为自动模式、手动模式和强制手动模式，控制流程见图 6–3。

二、国产 Vensys 变桨控制系统的主要元件及工作原理

（一）变桨充电电源

充电器主要由输入整流滤波、DC-DC 变换、输出高频整流滤波、二级滤波以及 CPU 控制电路组成，见图 6—4。其中，输入整流滤波器对于电磁兼容有很大作用，有效地抑制了来自交流电网的传导干扰，DC-DC 高频变换使整机效率大大提高。高频整流滤波与二级滤波共同作用使电源的输出纹波极小。CPU 控制系统用于控制各种负载变换情况下的稳定输出。

（二）变桨变频器 AC–3

直流 100V 输入经过三相逆变回路，脉宽调制输出频率可调，电压可调的三相交流电，用以驱动变桨电机。驱动器内部集成了电池极性错误、过压、过载、过流、过温等一系列保护。AC-3 逆变器内部的控制单元具有自诊断功能，它能自主地检测内部和其外部相关元器件的故障,并自动通过脉冲信号输出故障信息。通过脉冲或信号灯的闪烁频率，对照其说明书，可以迅速锁定系统的故障原因。详细说明参见《AC–3 INVERTER User Manual》。

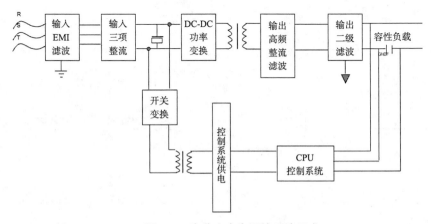

图 6—4　变桨充电电源的系统组成

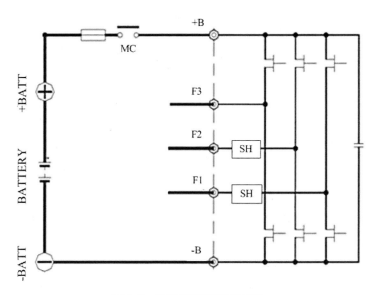

图 6–5　驱动器工作原理框图

驱动器提供两种模式：手动模式和自动模式，手动模式与自动模式的区分通过外围硬件接口来实现。

在自动模式下，驱动器通过外围模拟量实现变桨速度的给定。

在手动模式下，驱动器通过驱动器内部设定的默认速度来实现速度给定，默认速度为 400 rpm。速度的方向由外围硬件接口来实现。驱动器工作原理图，见图 6–5。

驱动器性能及参数，见表 6–1。驱动器硬件接口，见图 6–6。驱动器各接口功能说明，见表 6–2。

图 6–6　驱动器硬件接口

表 6–1 AC3 驱动器的基本参数

型 号	AC3
尺寸（W×H×D）	300×250×111
相数	3
输入额定电压（VDC）	96
输出额定电压（VAC）	49
输入工作电压范围（VDC）	34~140
额定输出功率（kW）	8.6
最大电机功率（kW）	22
额定输出电流（A）	137
最大短时电流	450 A / 3 min
开关频率（Hz）	8 K
驱动器效率	≥ 92%
额定功耗	750 W
输出频率（Hz）	0~100
环境温度（℃）	–40~50

表 6–2 驱动器各接口功能说明

硬件接口	功 能
KEY	驱动器系统的硬件驱动使能，只有该端口得电，驱动器才能正常工作。一旦该端口失电，驱动器立即停止工作，关断输出，电机制动器立即抱闸，信号电平：34~140 VDC
CPOT	模拟量速度给定输入，0~10 V
PPOT	模拟量速度给定输入 +，输出 10 V，最小负载 >1 kΩ
NPOT	模拟量速度给定输入地
ENCA	旋转编码器增量信号接口
ENCB	旋转编码器增量信号接口
PCLTXD	串行通信接口 +
NCLTXD	串行通信接口 –
BACKING F	向前移动功能，与换向开关相连接，高电平有效
BACKING B	向后移动功能，与换向开关相连接，高电平有效
ENABLE	软件使能信号，只有该端口接收高电平信号后，驱动器进入驱动状态。该信号在自动模式下有效，在手动模式下无效
PTHERM	电机温度开关信号 P
NTHERM	电机温度开关信号 N
PBRAKE	制动器驱动 P
NBRAKE	制动器驱动 N

（三）超级电容

超级电容模块（见图 6-7）的包装是一个耐损耗的冲压铝外壳。这样一个外壳是永久封装的，不需要维护。超级电容能量存储模块是一个独立的能量存储设备。每组电容由 6 个 2.7 V 小超级电容串联而成，7 组超级电容模块串联相当于由 32 个独立的小超级电容单元（串联）、激光焊接的母线连接器和 7 个被动的、完整的单元平衡电路组成。超级电容基本参数，见表 6-3。

表 6-3　超级电容基本参数

额定电压（VDC）	16.2	—
额定容值（F）	500	—
浪涌电压（VDC）	16.8	—
最大持续电流（A）	150	—
最大峰值电流（A）	4000	持续时间 1 s
泄漏电流（mA）	150	25℃室温
包括均压保护的旁路电流	—	
容量允许偏差值	0% + 20%	—
运行温度范围	-40℃ ~ 65℃	$\lvert\triangle c\rvert$ < 5%（25℃，测量初始值的 5%）； $\triangle$ ESR < 50%（25℃，测量初始值的 50%）
存储温度范围	-40℃ ~ 70℃	
寿命（RT）	10 年	$\lvert\triangle c\rvert$ < 20%，$\triangle$ ESR < 100%（给定值）LC 小于给定值；
循环次数（25 度）[1, 2]	500000 次	1 次循环，25℃环境温度下，采用在额定电压和额定电压一半之间恒流循环放电
耐压等级（VAC）	2500	50 Hz　1 min
最大工作电压（VDC）	1500	单体串联最大工作电压
连接方式	螺栓	—
等效内阻	≤ 2 mΩ	直流最大值（室温）
防腐保护	C 3 L	ISO12944-1/-2
防护等级	IP 65	
振动测试	SAEJ2380	—

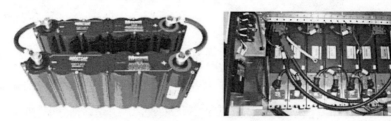

图 6–7　超级电容

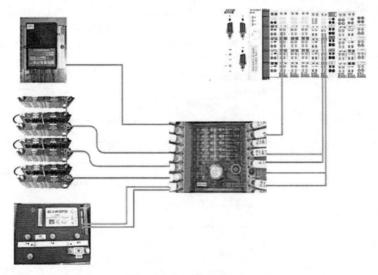

图 6–8　电压转换原理

（四）电压转换模块

将电容电压和电源电压 24 V 转换成倍福模块能够检测的电压。将 AC–3 变频器的 OK 信号进行，并转换传送给 PLC 的相应模块，见图 6–8。

（五）温度传感器（Pt100）

这种温度传感器（见图 6–9）是利用导体铂（pt）的电阻值随温度的变化而变化的特性来测量温度的。通常这样的温度传感器可以测量 –200℃～500℃的范围，而且在这个温度范围内，铂的电阻值和温度都具有良好的线性关系，见图 6–10。

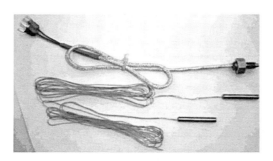

图 6-9　温度传感器 PT100

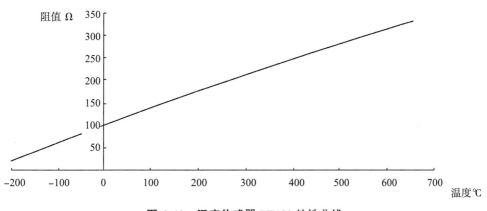

图 6-10　温度传感器 PT100 特性曲线

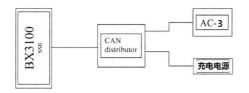

图 6-11　CAN 信号电路外部接线

温度电阻 Pt 100 的特性：0℃时，温度电阻 Pt 100 的电阻值正好是 100Ω。其阻值随温度的上升而上升，随温度的下降而下降，呈现正温度系数特性。

（六）CAN 信号电路

CAN 信号电路外部接线见图 6-11，原理图见图 6-12。

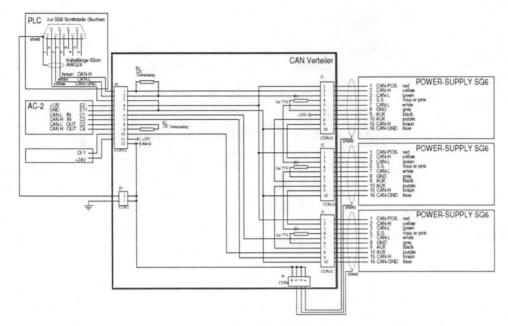

图 6–12　CAN 信号电路原理图

（七）倍福 BX3100 及其他模块

变桨控制柜中都有一个总线控制器 BX3100（见图 6–13），它是每个 Vensys

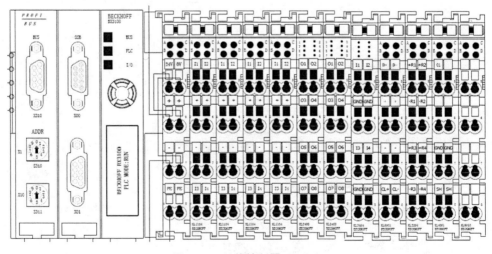

图 6–13　总线控制器 BX3100

表 6–4 变桨控制程序

BX	KL	KL	KL	KL	KL	KL	KL	KL	KL
3	1	1	1	2	3	5	3	4	9
1	1	1	1	4	4	0	2	0	0
0	0	0	0	0	0	0	0	0	1
0	4	4	4	8	4	1	4	1	0

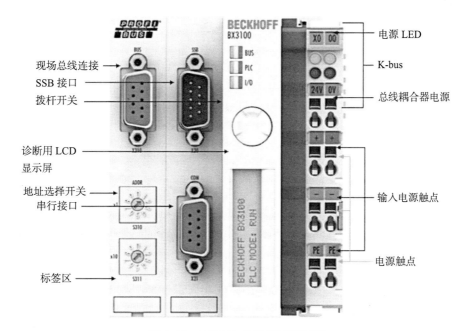

图 6–14 BX3100 总线端子控制器

变桨控制柜中 PLC 的控制核心，其内部载有变桨控制程序（见表 6–4）。此程序一方面负责变桨控制系统与主控制系统之间的通信，另一方面负责变桨控制系统外围传感器信号的采集处理和对变桨执行部件的控制。在紧急状况下（例如，变桨控制系统突然失去供电或通信中断），三个变桨控制柜中的控制系统可以分别利用各自柜内超级电容存储的电能，对三个叶片实施 90° 顺桨停机动作，使机组安全、可靠地停下来。

BX3100 总线端子控制器，见图 6–14。

（八）滑环

滑环是实现两个相对转动机构的信号及电流传递的精密输电装置。风机系统滑环负责机舱和轮毂内变桨系统间的动力和信号传递，具体包括动力电源 400VAC + N + PE、安全链信号和 Profibus 通信信号。

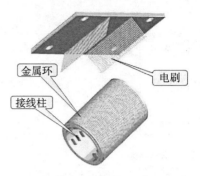

图 6–15　滑环结构

滑环由弹性材料——电刷、滑动触点表面材料——导电环、绝缘材料、粘结材料、组合支架、精密轴承、防尘罩及其他辅助件等组成。滑环是静止不动的，而电刷是旋转的，因此强电流和信号都是通过滑环及刷握进行传输的。

目前，大部分滑环都采用圆柱式滑环，环道是沿着圆柱的轴心排列的，就像螺栓上的螺纹一样。电刷采用贵金属合金材料，借助电刷的弹性压力与导电环环槽滑动接触来传递信号及电流，见图 6–15。至于是电刷作转子还是导电环作转子，取决于滑环的安装方式。在金风机组中，采用电刷作转子，导电环作定子的安装方式。

图 6–16　变桨电机

（九）变桨电机

变桨电机的特性曲线见图 6–17，性能参数如表 6-5 所示。

表 6–5　变桨电机的性能参数表

类　　型	IM3001（三相笼型转子异步电机）	额定转矩	55 N·m
额定功率	8.6 kW	制动转矩	150 N·m
额定转速	1500 rpm	额定电压	49 V
最大转矩	160 N·m	额定电流	137 A

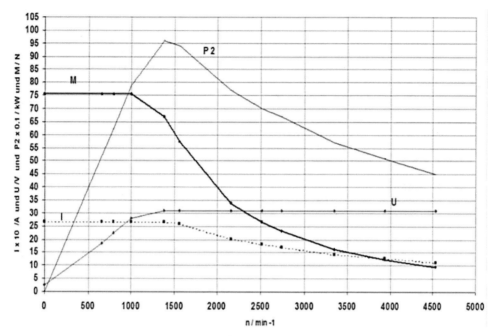

图 6–17　变桨电机特性曲线

（十）旋转编码器

1. 旋转编码器的工作原理

（1）2.5 MW 变桨系统所用旋转编码器为：绝对值 + 增量。

（2）绝对值。25 位、8192/ 圈、4096/ 圈。

（3）增量。1024 脉冲 / 圈 。

图 6–18　KUBLER 编码器

以下是目前使用的两种编码器，见图 6–18、图 6–19。KUBLER 旋转编码器——8.5863.1200.G323.S013.K012，8.5863.1200.G323.S013.K006；IVO 旋转编码器——GM400.Z61 /GM400.Z24。

2. 增量型编码器基本原理

增量编码器以增量方式计数来完成反馈目的，见图 6–20。它不具有断电记忆功能，如果电源出现故障，那么所有的位置信息将丢失。显示速度和旋转方向，见图 6–21。

图 6–19 IVO 旋转编码器

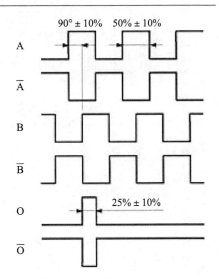

图 6–20 增量编码器原理

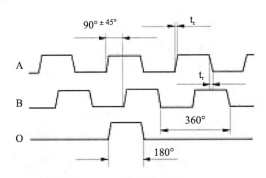

图 6–21 电源故障情况

编码盘和栅格设计，通道 A/ B/ Z 和反相信号，分辩率通过脉冲数 / 转（ppr）表示，产生 1024 脉冲每通道和每圈（360°），编码盘和栅格设计，见图 6–22，玻璃材料适用于高精度。

3. 绝对值型编码器

（1）编码器内部结构，见图 6–23。

（2）绝对型编码器基本原理。绝对位置从码盘上读取，在码盘上，每一位对应一个码道。每个数位编码器对应一个输出电路，每一个通道都包含一个光源的接收器。每圈（360°）读数完成后，将重复读数输出。绝对编码器工作原理见图 6–24。

（3）光敏元件。码盘的物理成像是通过光敏元件阵列实现的，每位有两个光

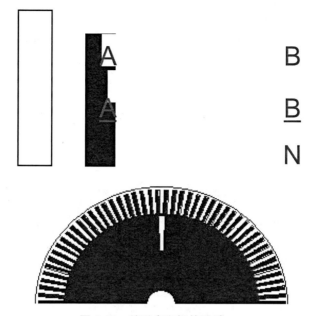

图 6–22　编码盘和栅格设计

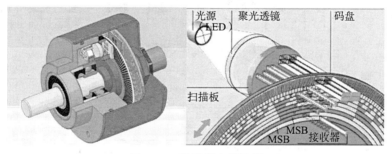

图 6–23　编码器内部结构

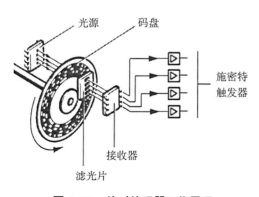

图 6–24　绝对编码器工作原理

图 6–25　光敏元件

敏元件 /bit，差分信号、信号优化，见图 6–25。

（4）绝对型编码器功能介绍。以绝对位置所对应数据输出来达到反馈目的，具有断电记忆功能。编码器轴所对应的不同的物理位置与输出的数字量具有一一对应的关系，输出有并行输出、串行输出、网络通信接口。

（5）绝对型输出数码类型。标准二进制码见图 6–26，格雷码见图 6–27。

（十一）5° 和 87° 接近开关

接近开关可以不接触检测金属物体，通过一个高频的交流电磁场和目标体相互作用实现检测。磁场是通过一个 LC 振荡电路产生的，其中的线圈为铁氧体磁芯线圈。通过外部磁场影响，可检测在导体表面产生的涡电流引起的磁性损耗。

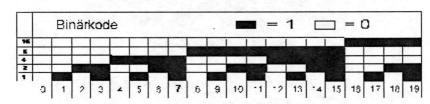

图 6–26　标准二进制码

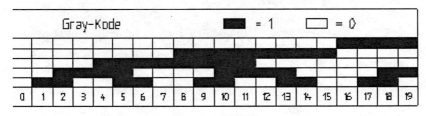

图 6–27　格雷码

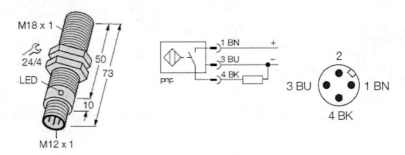

图 6–28　接近开关

在检测线圈内使其产生交流磁场，并检测体的金属体产生的涡电流引起的阻抗变化进行检测的方式，技术数据见表6-6，实物见图6-28。

表6-6　欧姆龙接近开关技术数据

	外形	带螺纹的圆筒，M18
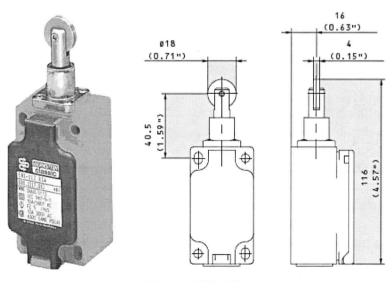	材质	镀铬黄铜
	EMC特性	抗交流磁场和直流磁场干扰
	电源	3线直流连接，10~30VDC
	输出	常开PNP输出
	接口	4芯插头，M12
检测距离	8 mm	
实际接线	1、2、3分别与棕、黑、蓝连接	

（十二）92°限位开关

限位开关用于控制机械设备的行程及限位保护。在实际生产中，将限位开关安装在预先安排的位置。当装于机械运动部件上的模块撞击行程开关时，行程开关的触点动作，实现电路的切换或中断电路使能。因此，限位开关是一种根据运

图6-29　限位开关

动部件的行程位置而切换电路的电器，它的作用原理与按钮类似。

金风变桨系统使用限位开关的作用是，防止由于电气控制失效而导致的机械部件损伤，保护机械运动部件的完整性。限位开关技术数据见表6–7，实物见图6–29。

表 6–7　限位开关技术数据

电源	24 VDC
最大开关频率	100 次 / min
机械寿命 – 开关动作次数	106
工作温度	– 30℃ ~ +80℃
标准执行机构形态	C
认证	UL，CSA
重量	0.16 kg

三、变桨系统内各电气元器件的工作状态及发生故障时对变桨系统的影响

（一）充电电源

当充电电源出现故障，充电电源自检触点将充电电源的状态通过第一个 DI 模块反馈给 BX3150，然后直接通过通信传递给主控。主控监测充电电源的自检信号。一旦出现问题，要求机组停机，故障文件记录变量 storage_error_pitch_power_supply，可直接查看到充电电源状态。

（二）超级电容

超级电容电压采集值，通过 AI 电压采集 PLC，反馈给主控。主控监控超级电容高电压和低电压关系，如果不满足条件，报出超级电容相应故障。

（三）T1

当 T1 出现故障时，电磁刹车将出现问题，该叶片将不能顺利变桨，且机组将无法立刻停机，直到报出叶片位置比较故障。

（四）T2

当 T2 出现故障，PLC 供电将中断，变桨与主控通信中断，直接造成停机。

（五）AC3

AC3 状态通过 CAN 通信反馈给主控，主控也监视 AC3 状态，发生故障时要求停机。可以从故障文件中直接查看 error_pitch_converter_ok。

（六）变桨电机

变桨系统通过 KL3204 采集变桨电机的温度信息，并传递给主控。当电机温度 >140° 或者 < −35° 时，变桨报出 internal_error_code_word_1.14，发给主控，主控会要求停机。但是温度变化比较慢，当变桨电机发生故障时，主控无法立刻做出停机要求，将会导致叶片位置比较容易出现故障。

（七）电磁刹车

电磁刹车，变桨系统里并没有专门检测电磁刹车的反馈回路。当电磁刹车故障时，机组不能立即发出停机指令，直到报出叶片位置比较故障。

（八）旋转编码器

旋转编码器通过 DI 数字量模块接收反馈旋编自检状态，传给主控，并且变桨报出 internal_error_code_word_1.7，要求主控停机。

（九）接近开关

变桨控制系统，通过结合旋编反馈的位置信息和接近开关信息。当旋编位置信息与接近开关触发情况有冲突时，报出故障。

（十）限位开关

限位开关通过数字量输入模块接收到的反馈状态信息，并同时反馈给主控。当限位开关触发，变桨会报出 internal_error_code_word_1.2，反馈给主控要求停机。

（十一）PT100

温度异常会报出相应的温度故障，并且要求主控停机。

四、分析判断变桨系统故障，并初步分析损坏原因

变桨系统的 AC3 故障代码，常见故障代码详见表 6–8。

表 6–8　常见故障代码

警告代码	显示警告代码	警告标志	警告名称	触发警告的操作（供参考）
31	31	3	VMN HIGH	拔掉电机单相线缆或 2 相
60	60	3	CAPACITOR CHARGE	拔掉电机三相电缆或电机相间短路或相对 PE 短路或超级电容电压低于 27 V
19	19	3	logic failure #1	超级电容电压低于 25 V
30	30	3	VMN LOW	key 不断的情况下，直流输入端断开（分别断开正极与负极）
242	65	5	MOT.TH.SENSOR KO	刹车 Harting 的 7、8 针脚断开或温度传感器损坏
65	65	5	MOTOR TEMPERATURE	拔掉哈丁的 7、8 针脚（在驱动器参数温度控制使能情况下）
246	246	3	SAFETY	
82	82	3	ENCODER ERROR	拔掉旋编哈丁或断开增量信号或断开旋编 24V
253	16	3	AUX OUTPUT KO	松闸继电器 24V 电源丢失或 Nbrake 端口与 24V 地短路（去除继电器线圈后，驱动端口电压为 5V；加上继电器线圈后，驱动器端口电压为 24V）
240	240	3	HW WRONG	程序版本错误

（一）变桨故障字解析方式

变桨故障字可按如下方式解析。

主控监控面板以及"f"故障文件中显示的变桨故障代码为十进制，需要把十进制数据转换成二进制数据，查看二进制数据位中为"1"的位数，对照变桨故障代码说明表找到故障代码的描述。举例说明如下。

profi_in_pitch_error_word1_1	0.000	profi_in_pitch_error_word1_2	0.000	profi_in_pitch_error_word1_3	8.000
profi_in_pitch_error_word2_1	0.000	profi_in_pitch_error_word2_2	0.000	profi_in_pitch_error_word2_3	0.000
profi_in_pitch_error_word3_1	256.000	profi_in_pitch_error_word3_2	0.000	profi_in_pitch_error_word3_3	0.000

图 6-30　故障文件

（1）机组"f"故障文件见图 6-30。profi_in_pitch_error_word1_3 故障代码为 8；profi_in_pitch_error_word3_1 故障代码为 256。

（2）profi_in_pitch_error_word1_1、profi_in_pitch_error_word2_1、profi_in_pitch_error_word3_1 这三个故障代码表示一号柜的 3 个故障编码；profi_in_pitch_error_word1_2、profi_in_pitch_error_word2_2、profi_in_pitch_error_word3_2 这三个故障代码表示二号柜的 3 个故障编码；profi_in_pitch_error_word1_3、profi_in_pitch_error_word2_3、profi_in_pitch_error_word3_3 这三个故障代码表示三号柜的 3 个故障编码。

（3）profi_in_pitch_error_word1_3 故障代码为 8，转化成二进制为 1000。从右往左数位数分别为第 0 位、第一位、第二位、第三位，可以看到第三位为 "1"，即故障编码为 1.3，从对照变浆故障代码说明表，可以看到三号柜报的故障为：变浆充电电源 OK 信号丢失。

（4）profi_in_pitch_error_word3_1 故障代码为 256，转化成二进制为 100000000。从右往左数位数分别为第 0 位、第一位、第二位、第三位……，可以看到第八位为 "1"，即故障编码为 3.8，从对照变浆故障代码说明表，可以看到一号柜报的故障为：超级电容电压 U4 不在 12.9~20 V 之间。

（二）故障分析及处理

1. 故障分析及处理——变浆电容电压不平衡

变浆电压不平衡故障解析，见表 6-9。可能发生故障的地方如下所示。

（1）变浆充电器损坏，导致电容电压充不到 100 V。

（2）实际电容电压是正常的，但是检测模块 A10 损坏，导致测得的电压数据不准确。

表6-9 变桨电压不平衡故障解析

1	internal_error_code_word_3.5	BOOL	1—故障发生	超级电容电压 U1 不在 90~105 V 之间
2	internal_error_code_word_3.6	BOOL	1—故障发生	超级电容电压 U2 不在 64.3~75 V 之间
3	internal_error_code_word_3.7	BOOL	1—故障发生	超级电容电压 U3 不在 38.6~45 V 之间
4	internal_error_code_word_3.8	BOOL	1—故障发生	超级电容电压 U4 不在 12.9~20 V 之间

（3）实际电容电压是正常的，但是检测模块 KL3204 损坏，导致测得的电压数据不准确。

（4）超级电容本身损坏而导致电容电压不平衡。

（5）电容电压相关回路接线存在松动。

2. 故障分析及处理——变桨逆变器 OK 信号丢失

查看故障文件，查出具体的故障代码，根据故障代码查出对应的故障原因，最终解决逆变器 OK 信号丢失故障。如何看故障文件，有以下四种方式。

（1）通过看 F 文件，里面一栏叫 CAN_PB1_AC2_alarm_code。根据它后面的故障代码，查看对应的故障手册，找出 AC2OK 信号丢失的根本原因。图 6-31 为 F 文件截图，具体故障代码参考问题"变桨系统的 AC3 故障代码"。

CAN_PB1_AC2_alarm_flag	3
CAN_PB1_AC2_alarm_code	75

图 6-31 F 文件

（2）通过 B 文件，查看逆变器 OK 信号是否正常。正常情况逆变器 OK 信号是在 1 和 0 之间交替变化的，故障时逆变器 OK 信号则一直为 0，见图 6-32。

（3）通过查看 B 文件中的变桨故障字，判断是否是变桨逆变器 OK 信号故障。具体可以参考问题"变桨系统故障解析"。当变桨故障字 1.1 为 1 时，代表有变桨逆变器 OK 信号故障，见表 6-10。

表6-10 B 文件故障字

变桨到主控		变量名	类型	正常状态	中文名称
profi_out_error_code_word_1	1	internal_error_code_word_1.1	BOOL	1—故障发生	变桨逆变器 OK 信号

pitch_converter_ok_1	pitch_converter_ok_2	pitch_converter_ok_3
1	1	1
0	1	0
0	1	0
0	0	0
0	0	0
0	0	0
0	0	0
0	0	1
1	0	1
1	0	1
1	1	1
1	1	1
1	1	1
0	1	0
0	0	0
0	0	0
0	0	0
0	0	0
1	0	1

图 6–32 B 文件

（4）通过逆变器连接电缆连接逆变器，通过软件导出具体的故障代码。最上面第一排故障代表最近的一次故障，见图6–32。根据 Alarm Name 查找相应的故障点。

通过以上四步，查出具体引起变桨逆变器 OK 信号的故障原因，然后再检查相应的故障点。

（5）逆变器 OK 信号故障复位。如果人在变桨柜旁边，给变桨柜重新断电上电后就算是对逆变器复位了。如果人在塔底，需要进入主控控制面板 F10 界面内进行复位。机组长时间断电上电后报的逆变器 OK 信号丢失故障，可直接复位解决，复位时超级电容电压要大于 35 V。

3. 故障分析及处理——变桨位置传感器故障

变桨位置传感器故障解析故障可能发生的原因，见表6–11。

表6–11　变桨位置传感器故障解析故障

	变量名	类型	状态	中文名称
1	internal_error_code_word_2.2	BOOL	1—故障发生	叶片位置小于3.5°时，5°接近开关没有触发
2	internal_error_code_word_2.3	BOOL	1—故障发生	叶片位置大于6.5°时，5°接近开关仍然触发
3	internal_error_code_word_2.4	BOOL	1—故障发生	叶片位置小于85.0°，87°接近开关已触发

故障发生可能的原因有以下几点。

（1）接近开关损坏或接近开关插头内插针损坏导致测得信号不准确。

（2）旋转编码器损坏，导致叶片位置测得的不准确，之后报出该故障。

（3）KL1104损坏，导致接近开关的信号不能准确被接收，之后报出该故障。

（4）位置传感器电气回路有松动或连接电缆有损坏。

（5）接近开关离挡块距离不够，导致接近开关不能及时被触发。

4. 故障分析及处理—变桨限位开关故障

变桨限位开关故障解析，见表6–12。

表6–12　变桨限位开关故障解析

	变量名	类型	状态	中文名称
1	internal_error_code_word_2.6	BOOL	1—故障发生	叶片位置小于90°时，限位开关已经触发
2	internal_error_code_word_1.10	BOOL	1—故障发生	5°、91°限位开关均触发

导致故障可能发生的原因有：旋编问题；限位开关问题；87°接近开关损坏；10A4和10A2模块KL1104损坏。

检查步骤如下所示。

查看F文件中变桨数据，查看变桨角度和限位开关状态。如果变桨角度小于91°，但限位开关状态显示为off，应检查限位开关、限位开关电缆及10A2KL1104模块的第二通道。

变桨角度和限位开关状态均正常，查看B文件中旋编的读数，读数是否不变或有跳变的情况。如果发现旋编的读数不变或是读数有跳变，应检查旋转编码器。

如果旋转编码器正常，检查87°接近开关动作是否正常。如果动作不正常，应检查接近开关，接近开关电缆及 10A4KL1104 模块。

机组一般情况下不会报出限位开关故障，变桨冲限位开关肯定会先报出其他故障。变桨冲限位请查看 F 文件、5° 和 87° 接近开关和旋转编码器的故障。只有 87° 接近开关失效，才可能引起变桨冲限位开关。

5. 故障分析及处理 – 变桨安全链

变桨安全链故障解析，见表 6–13。

表 6–13　变桨安全链故障解析

	变量名	类型	正常状态	中文名称
1	internal_error_code_word_1.4	BOOL	1—故障发生	变桨外部安全链

表 6–13 为整机的安全系统报给变桨的安全链故障。当变桨系统有内部故障时，也会报出变桨安全链故障，图 6–33 是引起安全链故障的变桨内部故障。

导致变桨安全链故障发生的原因可能有以下几点。

（1）变桨系统内部出现上述故障。

（2）安全链回路接线松动（包括端子排和哈丁接头）。

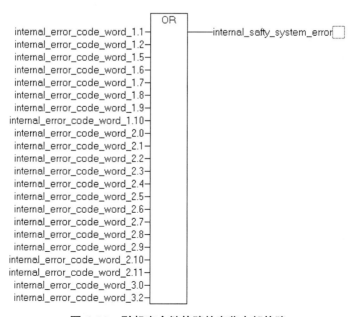

图 6–33　引起安全链故障的变桨内部故障

（3）18K9（或13K4）继电器辅助触点损坏。

（4）滑环安全链接线滑轨损坏。

（5）KL2408损坏。

（6）机组接地不好或DP头接线质量太差，引发DP故障以变桨安全链形式报故障。

检查时，应检查以下几项：检查变桨安全链回路接线是否松动；检查18K9（或13K4）继电器是否损坏；如果是DP故障请检查DP接头、转接头、BX3100、各个倍福模块，尤其是KL2408模块和模拟量的模块。

6. 故障分析及处理——变桨充电器故障

变桨充电器故障解析见表6–14。

表6–14　变桨充电器故障解析

	变量名	类型	正常状态	中文名称
1	internal_error_code_word_1.3	BOOL	1—故障发生	变桨充电电源OK信号

故障发生的原因如下所示。

（1）市电不正常，输入电源电压不平衡，从而造成充电器损坏。

（2）防雷模块损坏。

（3）充电器内部保险烧毁，造成缺相。

（4）其他元器件短路导致充电器损坏。

（5）变桨柜主断路器损坏造成缺相。

（6）KL1104接收充电器OK信号模块损坏。

（7）充电器信号反馈回路线路问题或信号插头松动，导致PLC收到的充电器OK信号不准确。

检查步骤如下所示。

（1）检查变桨柜主断路器和防雷模块的输入和输出电压是否正常，相间电压是否平衡。

（2）检查充电器的充电状况，并进行断开电源重新上电的操作。观察充电器能否正常工作，并测量其输出电压（拔掉充电器与电容插头）是否正常。输出电压不正常时，应测量充电器输入 400VAC 供给是否正常。如果输入正常，须更换充电器。

（3）查看充电器 OK 信号反馈回路。

（4）尝试更换对应的 KL1104 模块。

7. 故障分析及处理——变桨速度比较故障

此故障仅在主控程序中设置，变桨程序中没有对应的故障。主控程序中的故障逻辑为：当主控给变桨的速度给定值与实际测量的速度值相差大于 2.5 度 / 秒，并且持续 2.5 秒后，触发故障。

故障发生的原因可能有以下几点。

单个叶片卡死。因为变桨电机刹车回路故障，导致刹车无法打开；变桨减速器或变桨齿轮损坏。

旋转编码器增量通道故障。增量通道故障会导致变桨逆变器 AC3 控制变桨电机以大电流低转速运行，从而报出变桨速度比较故障。

在早期的程序版本中，个别变桨系统的内部故障在主控中没有设置对应的故障，而这些变桨内部故障又不会断开安全链，这就导致变桨系统因故障而不响应主控的命令；同时，主控因为并未检测到故障而持续发出变桨的命令，最终导致变桨速度比较故障报出。在 2013 年 5 月的新版本的程序中，已经对变桨内部故障和主控程序中设置的变桨故障进行了梳理，不会再出现上述的问题。

8. 故障分析及处理——变桨速度超限

变桨速度超限故障解析，见表 6-15。

表 6-15　变桨速度超限故障解析

	变量名	类型	状态	中文名称
1	internal_error_code_word_2.8	BOOL	1—故障发生	计算变桨速度 >12.5

故障发生的原因可能有以下几点。

（1）旋转编码器受到干扰，内部器件损坏。

（2）旋转编码器插头出现松脱现象，导致接触不良。

（3）由旋转编码器到 KL5001 的信号回路上出现接触不良问题。

（4）旋转编码器插头处的屏蔽层接触不良或未接触，致使干扰信号进入信号回路，数据出现跳变。

检查时，应检查以下几项：旋转编码器的插头及插头处的屏蔽层连接；检查旋转编码器信号线到变桨柜出的哈丁插头的屏蔽层的连接；检查 X50 端子排上的接线及 KL5001 上的接线。

若以上检查都良好，那么建议更换旋转编码器。

9. 故障分析及处理——变桨位置比较故障

变桨位置比较故障解析，见表 6–16。

表 6–16   变桨位置比较故障解析

	变量名	类型	状态	中文名称
1	internal_error_code_word_2.9	BOOL	1—故障发生	1、2 叶片位置差 >3.5°
2	internal_error_code_word_2.10	BOOL	1—故障发生	1、3 叶片位置差 >3.5°
3	internal_error_code_word_2.11	BOOL	1—故障发生	2、3 叶片位置差 >3.5°

故障发生的原因可能有以下几个方面。

（1）齿形带张进度有问题，太松或太紧。

（2）旋转编码器跳变或损坏，导致叶片位置突变，或变桨速度突变，或旋转编码器与电机连接块松动。

（3）AC3 损坏不能正确地接收来自主控 KL4001 发出的电压信号。

（4）BX3100 损坏或 KL4001 损坏导致对 AC3 的输出错误。

（5）KL5001 损坏不能正确地接收旋转编码器的位置信号。

（6）变桨电机或电磁刹车或刹车电气回路有问题，不能很好地执行变桨。

（7）线路虚接和其他干扰引起角度信号跳变。

10. 故障分析及处理——变桨电机温度故障

变桨电机温度故障，见表 6–17。

表 6–17   变桨电机温度故障

	变量名	类型	状态	中文名称
1	internal_error_code_word_1.14	BOOL	1—故障发生	变桨电机温度故障

当变桨电机温度超过 150° 或小于 − 45° 时，机组会报变桨电机温度故障。

故障发生的原因可能有以下几点。

（1）风扇 2F1 保险损坏。

（2）电机风扇堵转或与风扇外壳有干涉。

（3）5K2 继电器损坏。

（4）风扇电气回路接线松动或有短路的地方。

（5）电机风扇自身损坏。

（6）电磁刹车电气回路有问题导致变桨电机电磁刹车，或者由于电磁刹车自身问题而导致刹车打开不灵敏，长时间变桨最终导致电机温度高。

（7）电机 PT100 温度信号线接线松动或电机 PT100 本身损坏。如果判定已损坏，可以使用备用的 PT100，可以将信号线接到 XS3 的 9 和 10 上（备注：8.6KW 电机，XS3 9，10 之间有备用的 PT100）。

（8）检测模块 KL3204 损坏。

11. 故障分析及处理——变桨旋编警告

变桨旋编警告，见表 6–18。

表 6–18 变桨旋编警告故障检查原因

	变量名	类型	状态	中文名称
1	internal_error_code_word_1.7	BOOL	1—故障发生	变桨旋编警告

旋转编码器会将一个 DV–MT 信号（编码器内部电池）反馈给 10A4 的 1 号通道，如果 KL1104 没有收到此信号，机组会报变桨旋编警告故障。

故障发生的可能原因有：旋转编码器自身损坏导致 DV–MT 电池信号不正常；DV–MT 旋编电池信号线接线松动；KL1104 损坏。

第二节 安全部件参数设定

一、变桨程序下载及变桨系统参数（以 2500 kW/Switch 变流 / Vensys 变桨 /Goaland 水冷为例）

需要的设备和软件，见表 6–19。

表 6–19 变桨程序下载所需的设备及软件

序 号	需要的设备
1	标准 RS–232 串行通信数据线
2	笔记本电脑一台
3	Twincat 2.10；变桨程序

（一）安全防护工作

由于 AC2 具有自检功能，如果一旦变桨 PLC 与变频器 AC2 的通信中断，不管变桨处于什么模式（手动、自动或强制手动模式），AC2 都会驱动变桨电机向 90° 方向变桨。由于程序未启动，所以即使触发 92 度限位开关也不停止。因此，在刷程序之前，务必将 21K9 继电器的 12 号接线取掉，以确保 AC2 无法驱动。

在下载变桨程序时，将变桨设置到强制手动模式（将 X43 端子排上的绿色短接片从 2、3 端子之间移到 1、2 端子之间），手动变桨至冲限位位置。在变桨柜内，观察 16K3 由亮变为灭表示正常。如正常，变桨至初始位置。

如果在刷程序过程中，发现变桨异常动作，立刻分断变桨柜红色主断路器。

（二）串行通信参数设置

PC 机与 BX3100 之间通信参数的设置：我的电脑——属性——硬件——设备管理器——端口（COM1 和 LPT）——端口设置——OK，见图 6–34、图 6–35、

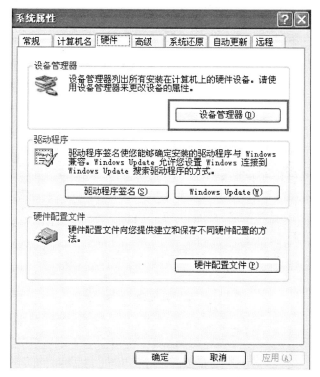

图 6–34　点击"设备管理器"

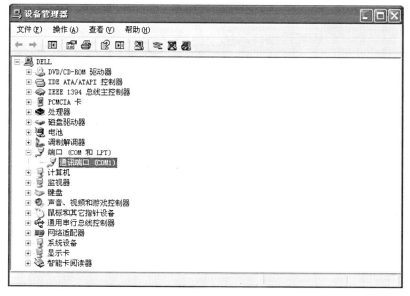

图 6–35　点击"通信端口（COM1）"

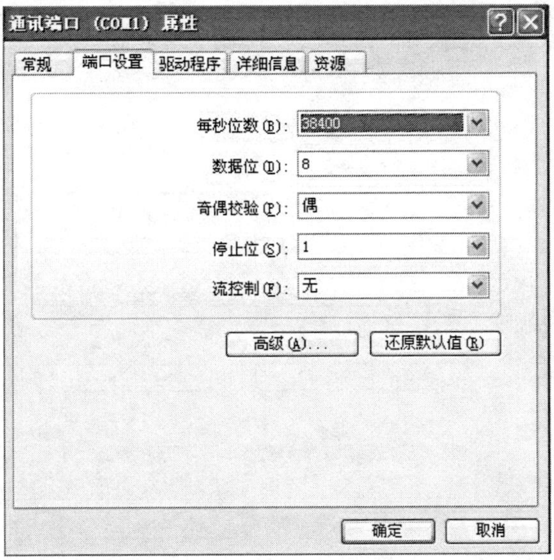

图6-36　笔记本COM1端口设置

图6-36。

（三）BX3100通信参数设置

右击屏幕右下角的TwinCAT软件图标，单击Properties选项。在弹出的对话框中，选择AMS Router标签。单击Add按钮，按下面对话框设置通信参数，注意BX3100的出厂默认AMS Net地址为192.168.1.17.2.2，见图6-37。点击"OK"确认完成添加，见图6-38。

注意事项

参数修改完毕后，计算机必须重新启动，端口的设置方能生效。

（四）PC机与BX3100连接

连接前须将PC的TwinCAT软件关闭，见图6-39。

将变桨调节方式旋转至强制手动模式，然后使用RS-232串行通信数据线，一端安装到BX3100串口上，另一端与PC机相连，见图6-40。然后将TwinCAT软件打开，见图6-41。

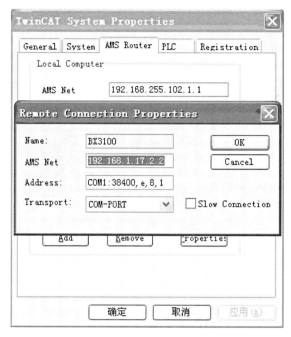

图 6–37 通信参数设置

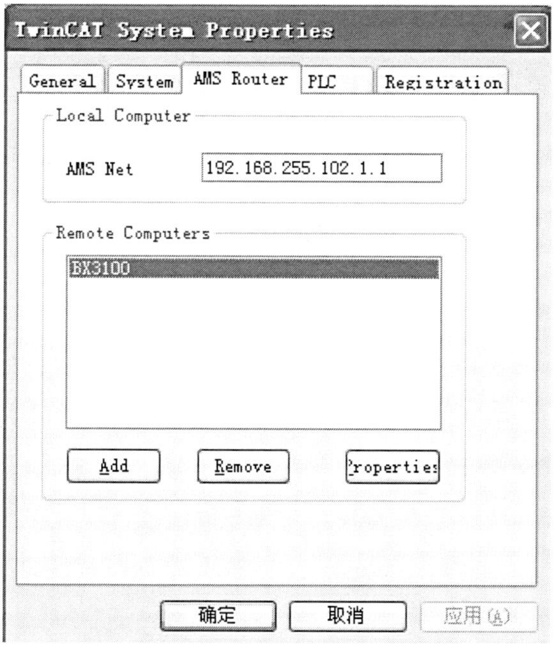

图 6–38 完成添加

图 6-39　将 TwinCAT 关闭

图 6-40　将 RS-232 串行通信数据线
插到 BX3100

图 6-41　将 TwinCAT 打开

（五）组态下载

使用 Twincat System Manager 打开要加载的变桨组态程序，见图 6-42。

选择点击 "Choose Target⋯"。在正常情况下，在 Choose Target System 对话框中会显示出的 BX3100 的 IP 地址。如果没有出现，应点击 "arch（Ethernet）"。在弹出的对话框中，点击 "Broadcast Search" 进行搜索。如果搜索成功，会在 Choose Target System 对话框中显示出 BX3100 的 IP，见图 6-43、图 6-44。

在 Choose Target System 对话框中，选择 BX3100（192.168.1.17.2.2）点击

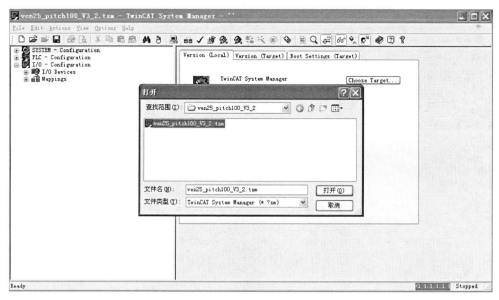

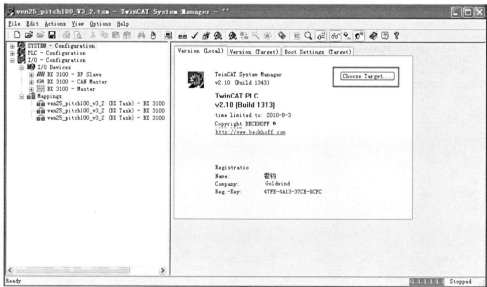

图 6–42 打开组态程序

"OK"。

在正常情况下，如果右下角显示绿色的 RTime，那么继续进行下面的操作。如果是显示 Timeout，则表示未连接上，应检查笔记本设置或 RS-232 串行通信数据线的连接。

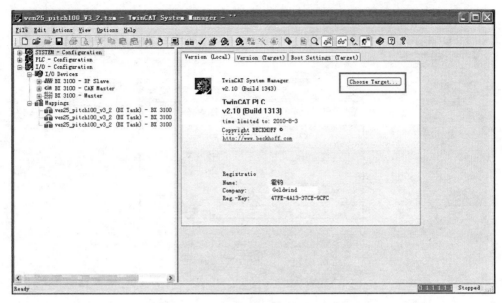

图 6–43　点击 "Broadcast Search"

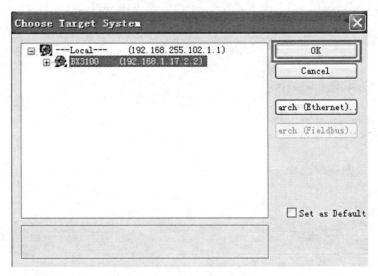

图 6–44　显示 BX3100IP

依次点击工具栏的 快捷键，在点击过程中会弹出对话框，依次点击"确定"，完成硬件组态下载，见图 6–45。如果右下角绿色的 RTime 始终是 0 没有变化，那么继续进行下面的操作。

图 6–45 弹出对话框选择"确定"

（六）程序下载

使用 Twincat– PLC Control 打开要加载的变桨控制程序，见图 6–46。

选择 PLC Control → Online → Choose Run–Time System。在弹出的对话框中，选择 BX3100（192.168.1.17.2.2）的 Port 801 端口，点击"OK"，见图 6–47、图 6–48。

选择 Online 下的 Login，出现如图 6–49 的对话框，点击"是"。将程序下装

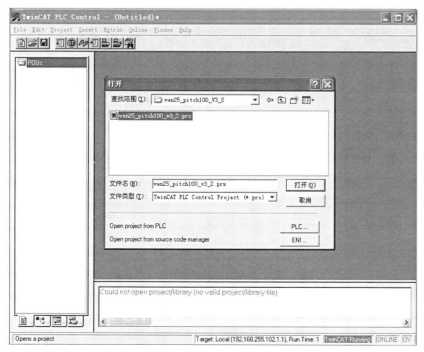

图 6–46 打开要加载的变桨程序（a）

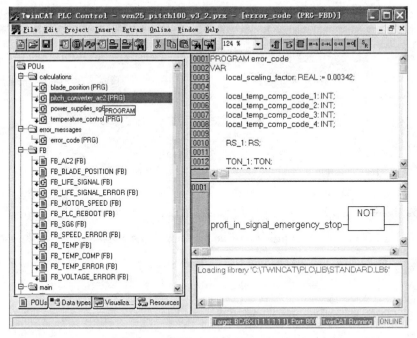

图 6-46 打开要加载的变桨程序（b）

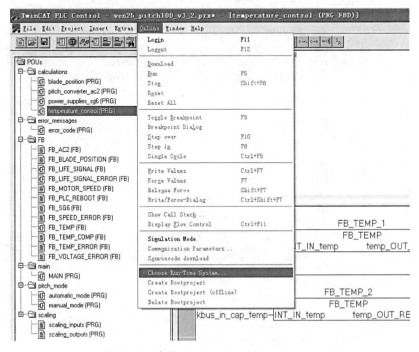

图 6-47 点击 Choose Run-Time System

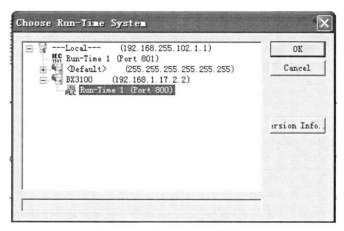

图 6–48 选择 BX3100 的端口

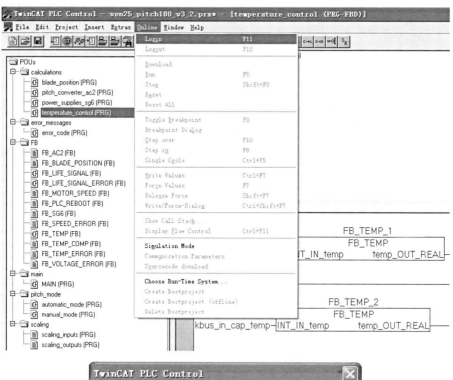

图 6–49 选择 Online 下的 Login 后弹出对话框

到 PLC 中，接着点击 Online 下的 Creat Bootproject，创建启动目录，见图 6–50。

点击工具栏下拉菜单 Online 选择 Run 选项，此时变桨程序下载成功，见图 6–51。最后，点击工具栏下拉菜单 Online，选择 logout 选项。退出 TwinCAT 软件时，每次都会弹出图 6–52 所示的对话框，一定要点击"否"。

PC 机 与 BX3100 断 开 连 接，将 PC 的 TwinCAT 关 闭，见 图 6–53。从 BX3100 的插口拔下 RS–232 串行通信数据线后，将 21K9 的 12 号接线恢复。并将变桨系统打到"A"自动状态。

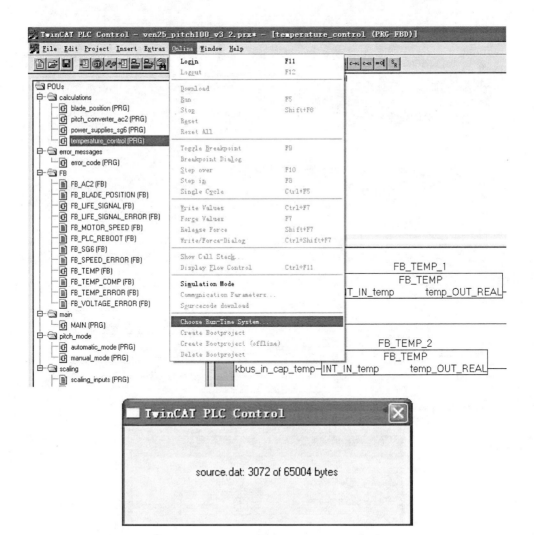

图 6–50　点击 Creat Bootproject 创建更目录

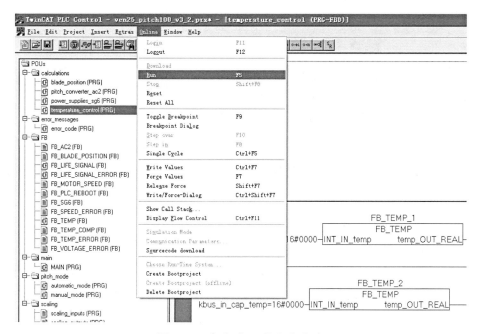

图 6–51　点击"Run"运行程序

图 6–52　点击"否"退出 Twincat 软件

注意事项：

　　必须同时有一人在现场监护变桨系统，如发生现变桨异常动作，立刻将变桨柜电源开关断掉。

　　至此，变桨程序下载完毕。

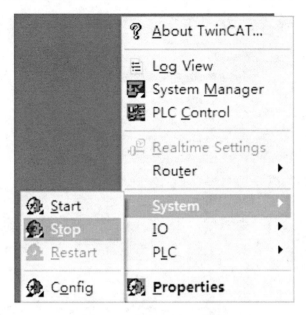

图 6–53　将 TwinCAT 关闭

二、叶片角度相关故障处理方法

（一）变桨位置比较故障（error_pitch_position_blade_cmp）

变桨位置比较故障文件，见图 6–54。可能的原因有以下几点。

（1）齿形带张进度有问题，表现为太松或太紧。

（2）旋转编码器跳变或损坏，导致叶片位置突变，或变桨速度突变，或旋转

error_pitch_position_encoder_range_overflow	off						
error_pitch_position_encoder_range_overflow_1	off	error_pitch_position_encoder_range_overflow_2	off	error_pitch_position_encoder_range_overflow_3	off		
pitch_position_blade_1	69.092 degree	pitch_position_blade_2		66.947 degree	pitch_position_blade_3		69.190 degree
error_pitch_position_blade_cmp	on						
error_pitch_position_sensor	off						
error_pitch_position_sensor_1	off	error_pitch_position_sensor_2		off	error_pitch_position_sensor_3		off
profi_in_pitch_position_sensor_1	off	profi_in_pitch_position_sensor_2		off	profi_in_pitch_position_sensor_3		off
error_pitch_position_range_sensor	off						
error_pitch_position_range_sensor_1	off	error_pitch_position_range_sensor_2		off	error_pitch_position_range_sensor_3		off
error_pitch_position_end_switch	off						
error_pitch_position_end_switch_1	off	error_pitch_position_end_switch_2		off	error_pitch_position_end_switch_3		off
profi_in_pitch_end_switch_1	off	profi_in_pitch_end_switch_2		on	profi_in_pitch_end_switch_3		on
warning_pitch_position_encoder_battery_low	on						
warning_pitch_position_encoder_battery_low_1	off	warning_pitch_position_encoder_battery_low_2		off	warning_pitch_position_encoder_battery_low_3		off

图 6–54　变桨位置比较故障文件

编码器与电机连接块松动。

（3）AC2 损坏不能正确地接收来自主控 KL4001 发出的电压信号。

（4）BC3150 损坏或 KL4001 损坏导致对 AC2 的输出错误。

（5）KL5001 损坏不能正确地接收旋转编码器的位置信号。

（6）变桨电机或电磁刹车有问题，不能很好地执行变桨。

（7）线路虚接和其他干扰引起角度信号跳变。

检查步骤有以下几点。

（1）全面检查柜体内外的接线是否有脱落或松动现象，并对柜体内的 KL4001 模块和 KL5001 模块的接示灯显示是否有异常现象。可以与其他两个柜子相互对照，如有异常，应予以更换。测试一下齿形带的张紧度，或手动变桨看变桨时皮带是否有异响。

（2）检查故障后的叶片是否能正常回收到 87.5°。如果没有收回叶片，可能是 AC2 损坏。然后，将叶片模式改换为维护状态，用手动方式变桨，看叶片能否正常工作。如果不能工作，测量 KL4001 模块 1 和 3 端子电压是否输出正常。如果输出不正常，须更换 KL4001。

（3）如果叶片变桨不能正常工作，叶片在工作时慢慢蠕动或来回扭动，应检查 KL5001 与旋转编码器的接线是否有破损或松动。如果没有发现异常，应更换 KL5001 模块。如果故障仍然存在，则需要更换旋转编码器。

（4）如果叶片变桨不能正常工作，叶片在工作时出现脉冲式的窜动，可能是变频器 AC2 损坏。

（5）如果叶片变桨能够正常工作，应仔细观察叶片在工作过程中是否有角度值跳变的现象。也可以在故障文件 b 文件中观察角度值是有否有跳变的现象。如果有，检查柜体和旋转编码器的接线和线路屏蔽层接触是否良好。如果确定线路没有问题，则需要更换旋转编码器。

error_pitch_position_encoder_range_overflow	off				
error_pitch_position_encoder_range_overflow_1	off	error_pitch_position_encoder_range_overflow_2	off	error_pitch_position_encoder_range_overflow_3	off
pitch_position_blade_1	5.174 degree	pitch_position_blade_2	5.139 degree	pitch_position_blade_3	7.680 degree
error_pitch_position_blade_cmp	on				

图 6-55 变桨位置比较故障文件

error_pitch_motor_temperature	off	.		.		.	
error_pitch_motor_temperature_1	off	error_pitch_motor_temperature_2	off	error_pitch_motor_temperature_3	off		
pitch_motor_temperature_1	8.800 C	pitch_motor_temperature_2	8.200 C	pitch_motor_temperature_3	42.500 C		

图 6-56　3# 变桨电机故障文件

（6）在用手动方式变桨过程中，观察变桨电机的刹车是否有正常动作的声音。如果没有动作，就应该检查 12K2（K2）是否损坏，并检查电磁闸回路。如果没有问题，就应考虑变桨电机的刹车系统已经有机械损坏。

（二）案例分析 1

案例 1：变桨位置比较故障案例分析

（1）变桨配置。VENSYS 二版。

（2）故障描述。机组报变桨位置比较故障，故障文件见图 6-55。

（3）故障分析。从故障文件中可以看出 3# 变桨角度异常，机组报变桨位置比较故障。此故障现象是非常常见的一种故障，其故障一般源于以下几个方面原因：旋编跳变；AC2 失效；齿形带张紧度不准确，长期变桨后累计误差；变桨速度不一致；变桨电机刹车片间隙过小从而增大变桨时的阻力。

在查看故障文件过程中，可以发现 3# 变桨电机温度较其他两个高出许多，见图 6-56。

此时，我们考虑是变桨电机过载造成，手动变桨发现变桨声音非常大，声音像机枪声，且伴有较大震动。故怀疑两个地方：变桨电机刹车片间隙过小；变桨减速器轴承处有松动。

（4）处理过程。根据以上分析，基本排除旋编的问题。变桨电机自身和 AC2 可能性较大，由于有震动，考虑变桨电机自身原因更大。

检查 AC2，手动变桨可以执行。但变桨声音较大，震动也较大。在小风的天气条件下，拆开变桨电机进行检查，发现刹车片和变桨减速器都良好。因此怀疑 AC2 在工作过程中输出不持续，导致变桨过程中变桨不持续，导致较大的震动和变桨位置比较故障。更换 AC2，手动变桨正常。自动变桨正常。

error_pitch_speed_cmp	off						
error_pitch_speed_cmp_1	off	error_pitch_speed_cmp_2	off	error_pitch_speed_cmp_3	off		
error_pitch_speed_limit	off						
error_pitch_speed_limit_1	off	error_pitch_speed_limit_2	off	error_pitch_speed_limit_3	off		
pitch_control_motor_speed_setpoint_1	-2.611 degree/s	pitch_control_motor_speed_setpoint_2	-2.622 degree/s	pitch_control_motor_speed_setpoint_3	-4.782 degree/s		
pitch_speed_momentary_blade_1	-2.968 degree	pitch_speed_momentary_blade_2	-2.933 degree	pitch_speed_momentary_blade_3	-0.185 degree		

图 6-57　故障文件

（5）总结。AC2 在可以变桨且未有 OK 信号丢失时有可能也是坏的，如果变桨声音有异响，应检查 AC2。在处理变桨位置比较故障时，应注意变桨电机温度，避免遗漏其他故障隐患。

案例 2：变桨位置比较故障

（1）故障描述。机组在一段时间内平均每天报一次变桨位置比较故障，故障造成停机后，3# 叶片所处角度跟机组急停顺桨角度有 1° 多偏差。查看故障产生的 F 文件，可发现故障瞬间 3# 叶片角度与 1#、2# 叶片角度相差 4° 以上。风机叶片变桨瞬间，3# 叶片变桨速度几乎为 0，见图 6-57。

（2）故障分析。变桨位置比较故障有两种情况：1、3 个变桨位置最小值小于 75° 时，3 个变桨位置差值绝对值中的最大值大于 2；且机组没有激活急停模式时，持续 3s，机组报此故障，执行紧急停机。2、3 个变桨位置最小值不小于 75° 时，3 个变桨位置差值绝对值中的最大值大于 4；且机组没有激活急停模式时，持续 3s，机组报此故障，执行紧急停机，见图 6-58。很明显，这台机组属第 2 种情况。

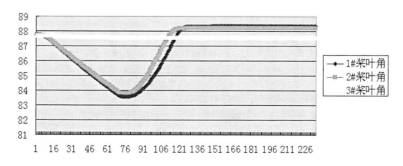

图 6-58　变桨位置比较故障情况

查看 B 文件可看出，机组是在启机顺桨时由于 3# 叶片不变桨导致 3 个叶片位置过大而报出；而 3# 柜内 AC2OK 信号等信号正常，判断可能是 3# 变桨电机刹车片不动作造成。维护上去对 3# 柜进行手动变桨，发现 K2 继电器动作而刹车片动作时好时坏。确定故障原因很可能有刹车片供电回路出现供电不足，或出现类似虚接类故障这两种情况。

（3）故障处理。首先，测量刹车片供电电源输出 T1，电压正常，排除供电不足的可能；其次按变桨图纸从 3# 柜 24V 电源 T1 输出端查起，反复变桨动作 K2 继电器，测量刹车片供电回路电压，最终发现 X6 哈丁头内 3 号公针线头松动，出现虚接情况，导致刹车片供电时有时无。将哈丁头 3 号端子线头重做后，机组刹车片动作正常。启机后，运行正常。

（4）总结。机组 3 个桨叶角出现较大差异一般有两种，一种是旋编或模块损坏，这种情况比较明显，故障多报速度比较故障。另一种就是刹车片不动作。此类故障多报位置比较，较常见的原因有：K2 继电器损坏，F5 保险出现虚接，哈丁头出现虚接。刹车片本身损坏的可能性比较小。

（三）变桨速度超限（error_pitch_speed_limit）

变桨速度超限故障文件见图 6–59。从故障原因 b 文件可以看出，旋转编码器的数值出现跳变，见图 6–60。变桨速度超限原因可能有以下几种。

（1）旋转编码器受到干扰，内部器件损坏。

（2）旋转编码器插头出现松脱现象，导致接触不良。

（3）由旋转编码器到 KL5001 的信号回来上出现接触不良问题，或 X3 端子排出现问题。

（4）旋转编码器插头处的屏蔽层接触不良或未接触，致使干扰信号进入信号

error_pitch_speed_cmp	off		.		.		.
error_pitch_speed_cmp_1	off	error_pitch_speed_cmp_2	off	error_pitch_speed_cmp_3	off
error_pitch_speed_limit	on		.		.		.
error_pitch_speed_limit_1	off	error_pitch_speed_limit_2	on	error_pitch_speed_limit_3	off
pitch_control_motor_speed_setpoint_1	0.050 degree/s	pitch_control_motor_speed_setpoint_2	-0.214 degree/s	pitch_control_motor_speed_setpoint_3	0.047 degree/s
pitch_speed_momentary_blade_1	0.042 degree	pitch_speed_momentary_blade_2	-8.702 degree	pitch_speed_momentary_blade_3	0.001 degree

图 6–59 变桨速度超限故障文件

pitch_pospitch_position_blade_2		pitch_pospitch_pow	pitch_pow
2.835	2.786	2.842	-1.6	4.2
2.837	5.571	2.842	-2.1	4.2
2.838	2.786	2.842	-2.4	4.8
2.839	2.786	2.842	-2.4	4.1
2.84	2.786	2.842	-2.6	3.8
2.841	2.785	2.842	-1.8	3.2
2.842	2.784	2.842	-0.1	3.4
2.842	2.784	2.842	-0.6	3.6
2.842	2.797	2.842	-1.6	3.7
2.843	2.797	2.842	-0.6	3.7
2.844	2.837	2.845	-0.2	3.3
2.848	2.837	2.851	-0.4	3.8
2.857	-11.644	2.863	0.4	3.5
2.871	-5.927	2.879	-0.3	5.5
2.891	3.025	2.9	-0.8	7.3

图 6-60　故障原因 b 文件

回路，数据出现跳变。

检查时，应检查以下几项：旋转编码器的插头及插头处的屏蔽层连接；检查旋转编码器信号线到变桨柜出的哈丁插头的屏蔽层的连接；检查 X3 端子排上的接线及 KL5001 上的接线，并检查 X3 端排的压敏电阻是否良好。

若以上检查都良好，那么建议更换旋转编码器。

（四）案例分析 2

案例：变桨速度超限故障分析

（1）故障描述。机组在一段时间内常频繁报出变桨速度超限故障，有时机组在运行过程中报出此故障，有时机组在启动时报出此故障。每次报这个故障时机组的变桨系统都要冲 90° 限位开关，需要人为地进入轮毂进行处理。

变桨速度超限故障文件见图 6-61。

error_pitch_speed_cmp	off	.		.		.	
error_pitch_speed_cmp_1	off	error_pitch_speed_cmp_2	off	error_pitch_speed_cmp_3	off
error_pitch_speed_limit	on	.		.		.	
error_pitch_speed_limit_1	off	error_pitch_speed_limit_2	on	error_pitch_speed_limit_3	off
pitch_control_motor_speed_setpoint_1	-2.502 degree/s	pitch_control_motor_speed_setpoint_2	-3.897 degree/s	pitch_control_motor_speed_setpoint_3	-2.388 degree/s
pitch_speed_momentary_blade_1	-3.000 degree	pitch_speed_momentary_blade_2	-1349.301 degree	pitch_speed_momentary_blade_3	-3.086 degree

图 6-61　变桨速度超限故障文件

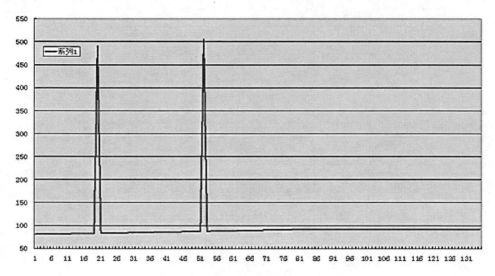

图 6-62　变桨速度曲线

（2）故障分析。此故障常见的现象是叶片角度数据无规律地出现跳变。由于叶片角度数据的跳变致使机组在计算叶片变桨速度时，叶片的变桨速度超过了机组设定的最大变桨速度的故障值，机组报出此故障。

从 f 文件中可以在叶片的速度栏中看到，叶片的变桨速度特别大，严重地超过了故障的设定值，此时查看故障时产生的 b 文件。发现 pitch_position_blade_2 数据有异常出现了 2 个一个周期的数据突变，绘制出图表，见图 6-62。

旋转编码器的数据出现突变，可能的原因有：电源的干扰；旋转编码器数据线的屏蔽层虚接；数据线或插头出现虚接；旋转编码器或 KL5001 内部损坏等。

（3）故障处理。首先，检查电源的接线，并进行测量，发现没有问题。其次，检查旋转编码器数据线的屏蔽层的接地情况。从数据线的两头的插头检查看，旋转编码器的插头接触不良，但处理后机组依然会报此故障，说明并非屏蔽层的问题。数据线的插头里也没有发现虚接的问题，并且倒换了 KL5001 机组的故障依然会出现，这说明问题出现在旋转编码器上。故障处理到最后更换了旋转编码器，更换完毕后机组就再没有报过此故障。

（4）总结。此故障出现的原因通常集中在两个方面：一方面是线路和屏蔽层的虚接；另一方面是旋转编码器的损坏。处理此故障时，应从以上两个方面入手，便可以较快地把故障处理掉。

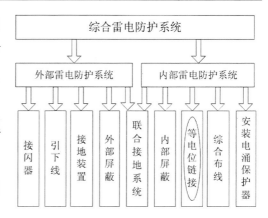

图6-63　机组综合防雷系统结构图

三、机组防雷系统的工作原理及其故障处理

机组综合防雷系统结构，见图6-63。金风机组防雷等级按 LPL Ⅰ设计，并且其防雷等级设计不超过LPL Ⅰ的雷电流参数最大值的雷电，该雷电发生概率为99%。雷击是无法完全避免的，只能最大限度地降低损失。

（一）外部防雷系统

1. 接闪器设计（滚球法）

依照标准《建筑物防雷设计规范》GB 50057-2010 和《雷电防护第三部分：建筑物的实体损害和生命危险》IEC 62305-3 2006 计算避雷针的保护范围按滚球法来计算。滚球半径的分类，见表6-20。根据建筑物的外形计算最远的防护点，见图6-64。

表6-20　滚球半径的分类

防雷等级	滚球半径 hr（m）
Ⅰ	20
Ⅱ	30
Ⅲ	45
Ⅳ	60

2. 引下线（见图6-65）

（1）引下线宜采用圆钢或扁钢，宜优采用圆钢，见图6-65。圆钢直径不应小于8 mm。扁钢截面不应小于48 mm²，其厚度不应小于4 mm。

（2）引下线应沿着建筑物外墙明敷，并经最短路径接地。

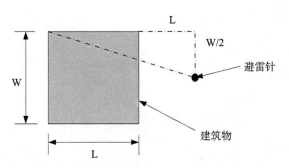

图 6-64　根据建筑物的外形计算最远的防护点

（3）建筑物的消防梯、钢柱等金属构件宜作为引下线，其各部件之间均为引下线，但其各部件之间均应连成电气通路。

（4）采用多跟引下线时，宜在各引下线上于距地面 0.3~1.8 m 之间装设断接卡。

（5）在易受机械损坏和预防人身接触的地方，地面上 1.7 m 至地面下 0.3 m 的一段接地线应采取暗敷或镀锌角钢、改性塑料管或橡胶管等保护设施。

图 6-65　引下线

3. 接地装置

按接地网接地电阻近似计算公式：

$$R = 0.5 \times \frac{\rho}{\sqrt{S}}$$

变电站的接地面积一定，如 L1 = 100 m，L2 = 80 m，接地面积 S = 100 × 80 m²，设土壤接地电阻率 $\rho = 1000\,\Omega \cdot m$，则 R = 0.5 × 1000/ $\sqrt{8000}$ = 5.6 Ω。

4. 外部屏蔽

外部屏蔽是为防止静电或电磁的相互感应所采取的方法，即抑制电磁波相互干扰的措施。屏蔽可分为辐射屏蔽和磁场屏蔽。

5. 等电位连接

等电位连接的目的是减小防雷保护区内金属构件和系统之间的电位差，见

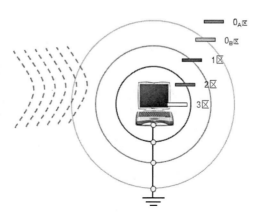

图 6-66　等电位连接

图 6-66。

在自然连接不能保证电气传导性连续的情况下，可采用导体连接；在与连接导体直接连接不可行的情况下，可采用电涌保护器（SPD）连接。

（二）内部防雷

1. 防雷区域划分

在风力发电机组的防雷设计中，常采用滚球法确定机组的雷击范围，并根据雷电的影响及波及区域进行雷电保护区域的划分（见图 6-67），可分为：LPZ i（i = 0，1，2，…）。

（1）LPZ0A 区。本区内的各物体都可能遭到直接雷击并导走全部雷电流，本区内的雷击电磁场强度没有衰减。风力发电机组滚球半径以外的范围。

（2）LPZ0B 区。本区内的各物体不可能遭到大于所选滚球半径对应的雷电流直接雷击，本区内的雷击电磁场强度仍没有衰减。风力发电机组滚球半径以内所包含的空间。

（3）LPZ1 区。本区内的各物体不可能遭到直接雷击。由于在界面处的分流，流经各导体的电涌电流比 LPZ0B 区内的更小，本区内的雷击电磁场强度可能衰减，衰减程度取决于屏蔽措施。本区主要是风力发电机组导流罩屏蔽网、机舱罩屏蔽网、发电机转子外壁和塔筒外壁所包围以内的空间。

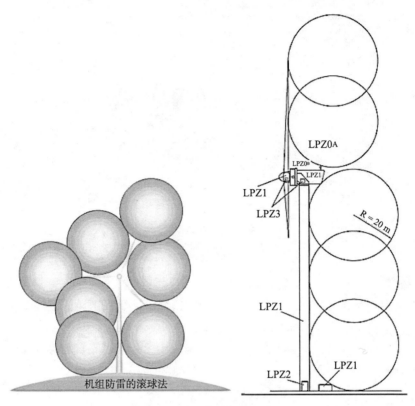

机组防雷的滚球法

图 6–67 防雷区域划分示意图

（4）LPZ2 区。当需要进一步减小流入的电涌电流和雷击电磁场强度时，应增设后续的雷电防护分区。风力发电机组 LPZ1 区内部屏蔽层以内的区域，如电气柜内部、金属铸件内部等。

2. 内部防雷系统——防雷器

防雷器一般包括火花间隙、压敏电阻和双向二极管，见图 6–68。

（1）火花间隙。火花间隙型防雷器是由两片或更多的电极片串联在一起组成的，见图 6–69。电极是由不燃性材料（例如铜、石墨）构成。如果火花间隙点火，空气被击穿，两电极之间的电压由击穿电压迅速下降，直到阳极—阴极之间维持很小的电压。两电极之间的距离大小决定了火花间隙的工作电压。

（2）压敏电阻。压敏电阻是阻值随着电压的改变而改变的电阻，具有很高的 U/I 非线性特性，见图 6–70。压敏电阻的阻值可以改变是因为在该电阻内部存在

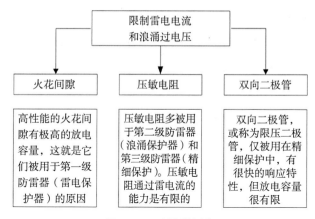

图 6–68 防雷器划分

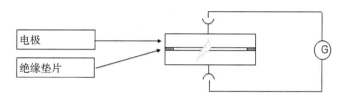

图 6–69 火花间隙型防雷器

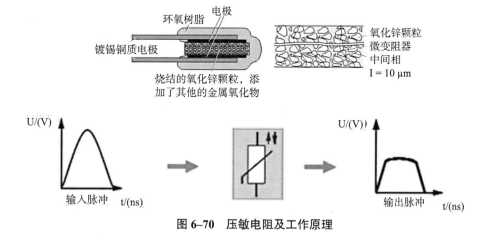

图 6–70 压敏电阻及工作原理

大量串联和并联的微变阻器。在过电压的影响下，内部的微变阻器将会逐渐老化。

（3）双向二极管。双向二极管（限压二极管）可以限制正方向和负方向的过电压。因为具有极快的开关特性，在皮秒（百亿分之一秒）级别内响应，因此特别适用于提供精细保护和数据线上的防雷保护，见图 6–71。

3. 内部防雷系统——防雷器安装

（1）3+1 保护模式，见图 6–72。没有漏电流（在相线 / 中线与保护地线 PE 之间）；当防雷器绝缘失效时，不会在地线上产生危险的高电压；当供电系统接地发生故障时，防雷器仍保持安全。在 TT 系统中，该防雷器可安装在剩余电流断路器前边或后边。更低的残压在相线（L）和中性线（N）之间。

（2）四相对地保护模式。安全性能不高，整个防雷组件漏流较大；对 N 线和 L 线过电压的限制能力有限，见图 6–73。

4. 内部防雷系统——防雷器配合

为避免高电压经过避雷器对地泄放后的残压过大，或因更大的雷电流在击毁避雷器后继续毁坏后续设备，以及防止线缆遭受二次感应，电源线路防雷一般采取分级保护、逐级泄流的原则。一是在电源的总进线处安装放电电流较大的首级电源避雷器；二是在重要设备电源的进线处加装次级或末级电源避雷器，见

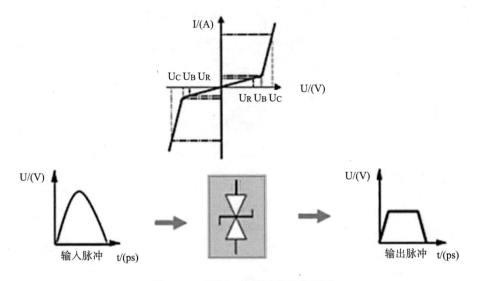

图 6–71　双向二极管及其工作原理

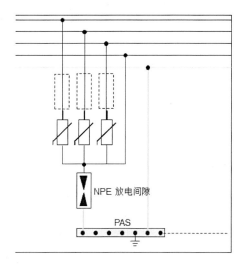

图 6-72　3+1 保护模式

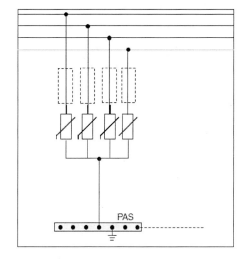

图 6-73　四相对地保护模式

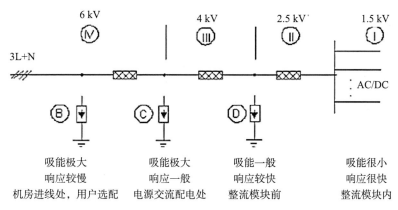

图 6-74　线路防雷器分配

图 6-74。

　　信号防雷 / 浪涌保护器的工作原理，见图 6-75。开关型 SPD 往往残压高，响应时间慢，限压型 SPD 残压低，响应时间快。一旦二者同时使用，而在安装上离得又很近，在雷击发生时将会出现二级 SPD 先被击中而损坏，而一级防雷还未动作的现象。

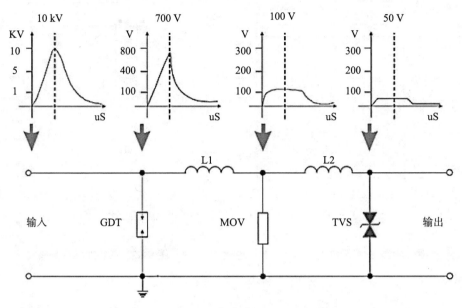

图 6–75　信号防雷／浪涌保护器工作原理

5. 电涌保护器（SPD）

在机组的 LPZ0B 区与 LPZ1 区的交界处，安装 I 级电涌保护器（以下简称 SPD）；在 LPZ1 区与 LPZ2 区的交界处，安装 II 级 SPD；在 LPZ2 区与 LPZ3 区的交界处安装 III 级 SPD。

机组的电源系统采用分级保护、逐级泄流的原则进行设计。电源的总进线处安装放电电流较大的首级（B 级）电源避雷器，重要设备电源的进线处加装次级（C 级）或末级（D 级）电源避雷器。

不同防雷器的保护水平，见表 6–21。其中，B 级防雷器是具有较大通电流的防雷器，可以将较大的雷电流泄放入地，达到限流的目的。同时，将危险过电压减小到一定的程度。C、D 级防雷是具有较低残压的防雷器，可以将线路中剩余的雷电流泄放入地，达到限压的效果，使过电压减小到设备能承受的水平。

表 6-21　不同防雷器的保护水平

防雷器	保护水平	防雷器安装等级
B 级电源防雷器	＜6 kV	Ⅰ
B 级电源防雷器	＜4 kV	Ⅰ
C 级电源防雷器	＜2.5 kV	Ⅱ
D 级电源防雷器	＜1.5 kV	Ⅲ

（三）防雷系统故障处理方法

1. 雷击事故后续处理方法

（1）检查叶片表面及叶片接闪器周围是否有雷击痕迹。

（2）检查叶片引下线间，引下线与叶片接闪器、叶片根部的连接是否可靠。

（3）测量叶片内部雷电流泄流通路的电气连接是否良好。

（4）检查机舱后部接闪器的固定是否可靠，接闪器上是否有雷击痕迹。

（5）检查组成机舱后部接闪系统"引下线"的各个部件的连接是否可靠。

（6）测量机组每段塔筒法兰的两端、变桨轴承两端、主轴承两端、偏航轴承两端的连接处的接触电阻。

（7）检查塔筒与接地扁钢的连接是否可靠。

（8）检查柜体接地线的连接是否可靠。

（9）检查电涌保护器的性能是否符合要求。

（10）检查设备、构架、均压环、钢骨架等大尺寸金属物与共用接地装置的连接是否可靠。

（11）检查接地装置的接地电阻。

（12）向雷击问题处理小组汇报情况，并等待进一步处理指令。

2. 雷电记录卡（见图 6-76）

（1）记录范围：3~125kA。

（2）安装简便快捷。

（3）全天候防水。

（4）协助分析故障原因。

型号：PCS 磁卡

型号：PCS 阅读机

图 6-76　雷电记录卡

（5）厂家免费协助读取数值。

（6）协助选取一级防雷器。

3. 防雷故障案例分析

（1）防雷故障——调试

① 问题。主控报变流安全链、变流器准备未完成；变流后台报变流安全链和防雷故障，断开、闭合 1Q4 故障时有时无，经测量 I6.3 接线端口 24V 正常；1Q4 反馈信号无 24V，防雷模块 A1 端 24V 无反馈 24V 信号，发现接线端子松动。

② 处理。重新安装接线端子，见图 6-77。

（2）变桨防雷和主开关保险故障（error pitchL_main_ fuse_ lighting_ ok）—（1.5 LUST 变桨）。故障文件见图 6-78。

可能原因：主开关跳闸（常见）；1 号变桨柜防雷模块损坏（常见）；辅助触点的线路松动。

检查步骤有以下几点。

① 观察该故障出现在几号柜，如果在 1 号柜，需要带上防雷模块（因为防雷模块在有些现场是两种规格，最好两种模块都带上）。

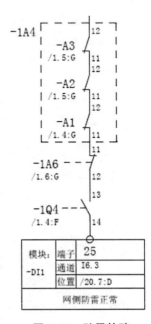

图 6-77　防雷故障

error_pitchL_ENPO_actived	off					
error_pitchL_ENPO_actived_1	off	error_pitchL_ENPO_actived_2	off	error_pitchL_ENPO_actived_3		off
error_pitchL_safety_chain_ok	off					
error_pitchL_safety_chain_ok_1	off	error_pitchL_safety_chain_ok_2	off	error_pitchL_safety_chain_ok_3		off
error_pitchL_main_fuse_lighting_ok	on					
error_pitchL_main_fuse_lighting_ok_1	on	error_pitchL_main_fuse_lighting_ok_2	off	error_pitchL_main_fuse_lighting_ok_3		off
error_pitchL_converter_supply_ok	off					
error_pitchL_converter_supply_ok_1	off	error_pitchL_converter_supply_ok_2	off	error_pitchL_converter_supply_ok_3		off
error_pitchL_DC_power_supply_ok	off					
error_pitchL_DC_power_supply_ok_1	off	error_pitchL_DC_power_supply_ok_2	off	error_pitchL_DC_power_supply_ok_3		off

图 6–78　变桨防雷和主开关保险故障文件

② 进入轮毂后，检查 1F1 是否跳闸。如果有跳闸，需要检查短路点。消除短路点后恢复。

③ 如果不是 1F1 跳闸，应查看防雷模块是否有烧毁。如果损坏，应进行更换。正常防雷模块是蓝色标记，如果出现烧毁会变成红色。如果防雷模块被烧毁，需要对机舱和主控柜处的中心线和地线进行检查，查看是否接线良好。

④ 如果 1F1 没有跳闸，则防雷模块也没有被烧毁。检查防雷模块触点接线和 1F1 触点接线。

思考题：

1. 简述变桨系统在机组中的作用。

2. 简述超级电容的工作原理。它在变桨系统中充当什么角色？

3. 简述变桨系统中 AC2 的作用。

4. 为什么变桨系统要设置后备电源，其作用是什么？

第七章　滑环保养维修

学习目的：

1. 熟悉滑环维护流程，并掌握滑环断电、拆解外壳、滑环清理及润滑等方法。

2. 掌握电刷、电刷板的更换方法。

3. 熟悉发电机滑环及碳刷的维护过程，并掌握发电机碳刷的更换方法。

第一节　滑环的保养

滑环的维护流程，见图 7–1。

一、滑环断电

维护滑环前需要断开滑环及滑环延长线，在断电 5 秒钟后才能工作，严禁在滑环及滑环延长线带电情况下进行安装与维护。

二、滑环打开步骤

（1）将滑环旋转轴法兰盘 2 的固定螺栓松开，取下法兰盘 2，见图 7–2。

（2）将滑环定轴法兰的固定螺栓 1 松开，将滑环从滑环支架上取下，平稳放于机舱宽阔位置。

（3）将滑环壳体固定螺钉 1 松开，并把滑环外壳 2 沿滑环径向的方向拆下，

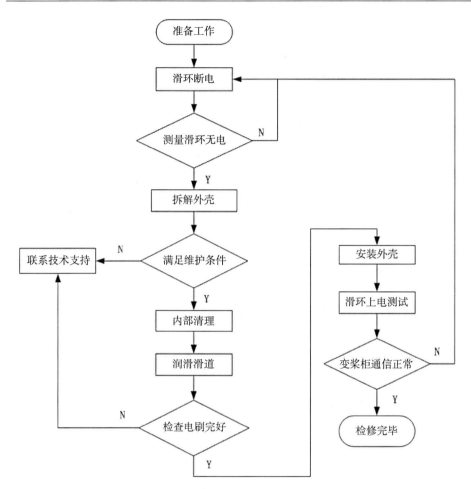

图 7-1　滑环维护流程图

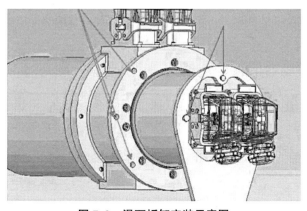

图 7-2　滑环拆卸安装示意图

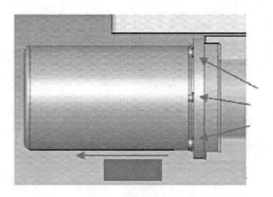

图 7-3　书滑环外壳

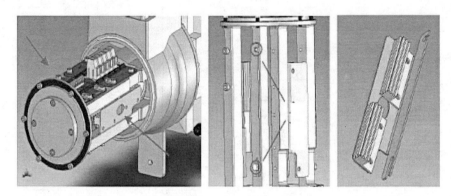

图 7-4　加热器及拆装

见图 7-3。

（4）旋松滑环加热器 1 的固定螺栓 2，取下加热器，见图 7-4。

需要注意的是，打开滑环，应使用滑环所提供的专用工具，不允许暴力操作。

三、检查滑环是否满足维护条件

（1）查看电刷 2 和滑道 1 是否有划伤的痕迹和磨损的小片，见图 7-5。如果发现上述状况，维护人员不得私自处理，须更换滑环，并将坏件返回公司。

（2）查看电刷 2 和滑道 1 上有无剥落的碎片或粗糙颗粒，见图 7-5，如颗粒大于 1 mm。如果发现上述状况，维护人员不得私自处理，应更换滑环，并将坏件返回公司。

（3）查看有无金颗粒从滑道表面1脱落，见图7–5。如果发现上述状况，维护人员不得私自处理，应更换滑环，并将坏件返回公司。

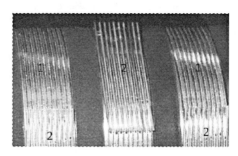

图 7–5　滑道和电刷

四、滑环清理润滑

（1）沿平行于滑环轴喷涂喷罐2中95%以上的酒精，对滑道进行冲洗。同时，按照b方向旋转滑环，使用刷子1沿a方向进行刷洗。注意滑环旋转方向和刷子用力方向。见图7–6。

（2）如果有必要，按照与步骤（1）相反的方向清洗滑环，直至滑道中无明显杂质。

图 7–6　滑环清洗

（3）重复步骤（1）和（2）对其他滑道进行清洗。由于信号滑道和电源滑道宽度不同，应使用宽度不同的刷子。

（4）滑环清洗完成后，应使用热风枪对滑环进行烘干。干净且干燥的滑道2呈金色，绝缘层1呈淡灰色，滑环底部无酒精滴落。见图7–7。

（5）清洗滑道后，如果滑道上有很深的磨损痕迹，那么此类滑环应被替换，不必再进行润滑维护；如果滑道磨损痕迹并不深（只能看见轻微的磨损痕迹），则需要对此类滑环进行润滑维护。

图 7–7　干净且干燥的滑道

（6）使用针式分油器进行润滑，每个电刷分配2滴润滑油（每个V型槽分

图 7-8　滑环润滑

配 6 滴）。在加注润滑油的过程中，应旋转滑环，以使滑道与电刷充分润滑。润滑后，不允许再接触滑环体。对滑道注入润滑油时，不能超过润滑所需的油量，应严格按照要求添加润滑油。见图 7-8。

（7）滑道润滑操作结束后，对电刷进行重复两次的检查以确保电刷没有受到任何损坏。

（8）装回加热器并紧固固定螺栓。

（9）装回滑环外壳并紧固固定螺栓。

（10）将滑环装回滑环支架，并紧固滑环定轴法兰固定螺栓。

（11）将滑环旋转轴法兰盘锁定销装回锁定销支架上，并紧固固定螺栓。

（12）滑环维护操作的过程可参照《STEMMANN 滑环维护操作指导 .wmv》视频文件。

五、维护后检查

滑环润滑后，须手动盘转滑环 10 圈，以保证滑道充分润滑。此外，需要对滑道及电刷进行重复检查，确保电刷没有受到任何损坏。如有损坏，需要返厂维修。

第二节　滑环零部件修复及更换方法

一般情况下，必须对损坏的电刷板、损坏或者变蓝的电刷进行更换。

一、电刷的更换

把电刷从电刷装置中取出，用新的取代。

二、电刷板的更换

松开端子盒中的电缆以后，板就可以拧下来。新板要装上电刷，然后对其进行调整，使电刷对中于轨道上的槽。螺钉涂抹螺纹紧固胶，并用至少 7 N·m 的力拧紧。更换电刷或者电刷板以后，滑环应该重新清洁并上润滑油。维护完成后，重新装好滑环外壳。不能有异物进入壳体，不要有电缆被壳体压住。检查壳体上的密封件，如有必要，进行更换。

在滑环工作前，应再次检查所有连接是否正确和牢固。

三、发电机滑环及碳刷的维护及更换

发电机碳刷的固定方式有两种，一种是压指弹簧压紧的，另一种是采用恒压力刷握弹簧压紧的。对于采用压指弹簧的刷握，向上、向下拨开压指就可以将碳刷取出，见图 7-9。对于采用恒压力弹簧的刷握，将恒压力弹簧板从刷握中取下后才能取出碳刷，见图 7-10。一般使用 6 mm 内六角扳手或 10 mm 两用扳手，松开需要更换的碳刷连接线接线端子螺栓，取下碳刷。

（一）发电机滑环和碳刷检查

（1）检查发电机集电环表面是否光滑平整，有无划痕，有无电弧灼伤痕迹。

（2）检查碳粉是否堆积过多，定期清理表面及周围的碳灰。

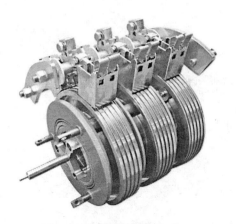

图7-9 压指弹簧压紧方式

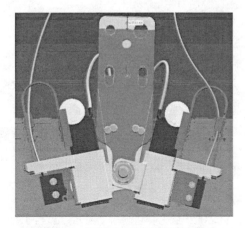

图7-10 恒压力刷握弹簧压紧方式

（3）检查电刷固定器紧密配合情况、电刷固定器电刷的活动性。

（4）检查碳刷是否严重磨损，如磨损严重，应立即更换。每3个月进行检查，发现碳刷磨损剩余1/3（3 cm）时，须更换。

使用数字显示游标卡尺对碳刷进行检查，见图7-11。

各发电机厂家碳刷理论设计使用时间

图7-11 使用游标卡尺对碳刷进行检查

略有不同，具体更换须按照实际测量值是否达到更换标准执行，见表7-1。

检查发电机碳刷磨损行程开关是否有效；检查碳刷架固定螺栓有无松动。

注意事项：

（1）此项检查时，需要手动刹车保持发电机转子在静止状态。

（2）清洁碳粉时，注意不要将杂物掉落在滑环室中。操作时，要使用没有油和油脂的干净手套和刷子。

（3）注意个人防护，应佩戴橡胶手套和防护口罩，因为碳粉刺激皮肤且有毒。

表 7-1　发电机厂家碳刷理论设计使用时间

机组类型	发电机厂家	主碳刷规格型号 主碳刷设计寿命	接地碳刷规格型号 接地碳刷设计寿命
1.5 MW	湘电（一代）	MG1147　20×40×100 8~12 个月	MA1147　8×20×32 8 个月
	湘电（二代）	MG1147　20×40×100 8~12 个月	MA1147　12.5×25×64 12 个月
	南汽 /VEM	MG1147　25×32×80 12 个月	MG1147　8×20×64 12 个月
	宜兴	RC53　　20×40×100 12 个月	RS90　8×20×64 12 个月
	ABB	C80X　24.84×39.83×55 12 个月	S13　7.97×19.96×32 12 个月
碳刷规格型号说明：宽度 × 长度 × 高度，应检查碳刷的高度			

（二）发电机碳刷更换方法及步骤（以湘电为例）

（1）发电机风扇 2 拆下就可以看到发电机的主碳刷及接地碳刷，见图 7-12 和图 7-13。

（2）按住碳刷弹簧卡，将碳刷取出。观察碳刷并记录长度，计算出下次更换碳刷的时间，见图 7-14。

图 7-12　拆卸发电机风扇 2

图 7-13　发电机主碳刷及接地碳刷

图 7-14　取出碳刷并记录长度

（3）将旧碳刷拆下，见图 7-15。

（4）将旧碳刷进行更换，见图 7-16。

（5）将主碳刷完全更换后，将碳刷固定缆进行固定，见图 7-17。

（6）检查接地碳刷情况，是否应该进行更换，见图 7-18。

（7）将碳刷更换完成后，检查无误，再进行恢复安装，见图 7-19。

（8）将发电机碳刷故障复位，启动风机。

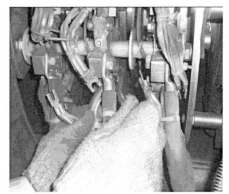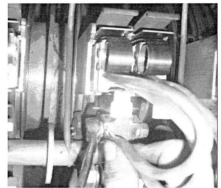

图 7–15　拆除旧碳刷

图 7–16　更换旧碳刷

图 7–17　固定碳刷固定缆

图 7-18　检查接地碳刷情况

图 7-19　恢复安装

注意事项：

　　更换接地碳刷时，应注意双拼接地碳刷具有方向性。安装时，应成对更换，并按照接地碳刷上标识的旋转方向安装，即滑环（或电机主轴）的旋转方向必须与安装好的碳刷上箭头方向一致。如碳刷上没有标出箭头，则遵循旋转方向先从碳刷颜色较深侧（含碳侧）进入，然后再经过颜色较浅侧（含银侧）的原则。

思考题：

1. 简述滑环使用的意义。

2. 简述滑环实现信号传输的途径。

3. 滑环回路有哪些？

4. 简述更换发电机碳刷的方法。

第八章　偏航系统保养维修

学习目的：

1.掌握偏航系统的控制原理。

2.掌握分析偏航系统故障的方法。

3.掌握凸轮计数器的调整方法。

4.掌握偏航电机的检查方法。

第一节　偏航系统控制回路检查

一、偏航系统控制原理

偏航系统（除液压站外）包括偏航电机、偏航减速器、机舱位置传感器、偏航加脂器、毛毡齿润滑器、偏航轴承、偏航刹车闸和偏航刹车盘。

偏航轴承采用四点接触球转盘轴承结构。偏航电机是多极电机，电压等级为400 V，内部绕组接线为星形。电机的轴末端装有一个电磁刹车装置，用于在偏航停止时使电机锁定，从而将偏航传动锁定。偏航刹车采用单独供电，从而增加了系统的稳定性。附加的电磁刹车手动释放装置，在需要时，可将手柄抬起刹车释放。偏航刹车闸为液压盘式，由液压系统提供约130 bar的压力，使刹车片紧压在刹车盘上，提供足够的制动力。偏航时，液压释放但保持20 bar的余压，能在偏航过程中始终保持一定的阻尼力矩，可大大减少风机在偏航过程中的冲击载荷。偏航刹车盘是一个固定在偏航轴承上的圆环。偏航减速器为一个行星传动的齿轮箱，将偏航电机发出的高转速低扭矩动能转化成低转速高扭矩动能。凸轮计数器内是一个 10 kΩ 的环形电阻。风机通过电阻的变化，确定风机的偏航角度，并通过其电阻的变化计算偏航的速度。偏航加脂器负责给偏航轴承的润滑加脂的工作。毛毡齿润滑器负责给偏航齿润滑。

偏航系统主要包括 4 个偏航驱动机构，偏航电机电磁刹车采用主控控制模式，即控制系统主动地发出松闸命令后方启动电机。

偏航刹车分为两部分，一部分是与偏航电机轴直接相连的电磁刹车，另一部分是液压闸。在偏航刹车时，由液压系统提供约 130 bar 的压力，使与刹车闸液压缸相连的刹车片紧压在刹车盘上，提供制动力。偏航时，液压释放但保持 20 bar 的余压，能在偏航过程中始终保持一定的阻尼力矩，从而大大减少风机在偏航过程中的冲击载荷使齿轮受到破坏。

（一）偏航润滑部分

当机组执行主动润滑加脂时，控制系统会首先启动偏航系统，在偏航的过程中进行加脂。自动加脂系统的作用是对偏航轴承和偏好齿轮进行自动加脂，风机运行 350 小时偏航轴承和偏航齿轮自动加脂一次。

在机组自动润滑时，机组处于待机状态，同时偏航系统必须启动。

（二）偏航制动器的释放

偏航制动器的释放是通过 25Y4 电磁阀的得电来控制的，使偏航制动器压力降低为 20 bar，保证平稳可靠的偏航动作。

当风机需要解缆时，通过控制电磁阀 25Y3，使压力降低为 0 bar，这样可以使机组在长期偏航时不使偏航电机过热；同时，大风解缆时，仍然要保持系统有 20 bar 的余压。

（三）自动解缆过程

（1）当主控检测机舱角度大于可以扭揽的角度时，机组执行强制停机过程。

（2）偏航角度大于 580°，且机组没有处于发电状态。

（3）在低风速时，偏航系统余压保持为零，减轻偏航电机及偏航减速器的负载。

（4）在高风速时，偏航系统保持一定的余压，保证在偏航过程中，平稳无冲击。

二、分析偏航系统中的故障

偏航左反馈丢失可能的原因有：偏航电源开关跳闸；偏航接触器的触点损坏。其检查步骤如下。

（1）上机舱检查，看 102Q2 有没有跳闸，103K2 是否吸合。

（2）如果 102Q2 跳闸，检查 102Q2 的整定值是否正确。手动偏航，观察偏航电机的电磁刹车有没有动作。如果不动作，则是电磁刹车回路有问题。如果手动偏航时，偏航电机的电磁刹车都动作，这时要检查液压回路，看是否能正常泄压。

（3）如果 102Q2 跳闸没有跳闸，可能是 103K6 的辅助触点有毛病，应检查触点。

（4）此外，还有可能是过载回路有毛病，要仔细检查过载回路（即 103K2 所在的回路）。

第二节 偏航系统参数设置

一、凸轮计数器调节（2.5 Switch）

偏航轴承外齿圈是 179；凸轮计数器尼龙齿轮（以下简称尼龙齿轮）齿数是 10，机舱每转一圈，尼龙齿轮转 17.9 圈。凸轮的计数比为 1∶200，同一方向允许尼龙齿轮旋转的理论极限为 100 圈。凸轮计数器整体外形，见图 8–1。

2500 kW 机组，设计允许机舱在同一个方向上旋转的极限（扭揽开关设置）是900°，对应尼龙齿轮同一方向上旋转的极限是 44.75 圈。为便于操作，选取 44 圈（885°）。

图 8-1　凸轮计数器整体外形

（一）凸轮计数器功能测试

拆下凸轮计数器，打开盖子，在风机无安全链故障情况下，用工具分别触动凸轮计数器左右的触点（见图 8-2）。此时，机组安全链断开并报出相应的故障为正确，否则应检查系统并调整接线。

（二）凸轮计数器调整

在机组偏航之前调节凸轮，通过面板偏航位置进行比较校准初始 0° 位置；也可以调节电阻值，拆去位置传感器的外部接线。调节尼龙齿轮盘，使 1 和 2 间阻值等于 2 和 3 间的阻值（注意测量时不可以带电测试）。调整好初始 0° 后，在调节凸轮之前，不要碰转凸轮齿轮盘。拆下凸轮计数器，打开其端盖，将凸轮计数器凸轮调节锁定螺钉旋松，见图 8-3。

右偏航限位触发设定方法：调节凸轮初始 0° 位置后，使尼龙齿轮面正对人正视面，逆时针旋转 44 圈（偏航

左偏触点　　　　　　　　　右偏触点

左偏凸轮　　右偏凸轮

图 8-2　凸轮计数器中凸轮示意图

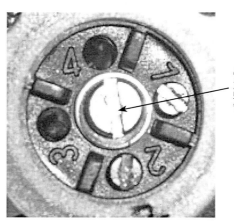

锁定螺钉

图 8-3　凸轮计数器中凸轮调节
和锁定螺钉示意图

位置 -900°)。然后，调节 1# 螺钉，使对应的右偏凸轮顶点旋到触点开关并听到触点动作声音时停止。调节凸轮，测试右偏航触发扭揽的实际位置，范围应在 -870° ~ -900°。触发扭揽时，在就地面板观察面板机上报"扭揽开关"故障，同时熄灭对应的安全继电器 82K2 指示灯。

左偏航限位触发设定方法：调节凸轮初始 0° 位置后，使尼龙齿轮面正对人正视面，顺时针旋转 44 圈（偏航位置 900°）。然后，调节 2# 螺钉，使对应的左偏凸轮顶点旋到触点开关并听到触点动作声音时停止。调节凸轮，测试左偏航触发扭揽的实际位置，范围应在 870° ~ 900°。触发扭揽时，在就地面板观察面板机上报"扭揽开关"故障，同时熄灭对应的安全继电器 82K2 指示灯。

最后，将凸轮计数器凸轮调节锁定螺钉旋紧，然后重新调节凸轮到初始 0° 位置。调整好后，将凸轮计数器安装在原位。

二、偏航电机检查方法

偏航电机供电，测量断路器 102Q3：1、3、5 和 103Q3：1、3、5 相间电压值 400 ± 5%VAC 为正常，单相对 N 电压值 230 ± 5%VAC 为正常；闭合断路器 102Q3 及 103Q3，测量 102Q3：2、4、6 和 103Q3：2、4、6 相间电压值 400 ± 5%VAC 为正常，单相对 N 电压值 230 ± 5%VAC 为正常。

思考题：

1. 简述偏航系统的工作原理。

2. 如何运用压敏电阻来保护偏航电机？

3. 怎样调整偏航凸轮计数器？需要注意哪些方面？

4. 哪些原因可能导致偏航反馈故障？

5. 机组报偏航方向故障时应该检查什么？

6. 偏航余压的调整方法是什么？

第九章　控制与安全系统保养维修

学习目的：

1. 了解各零部件正常工作温度、压力范围等。

2. 能够检查电器辅助触点的通断。

3. 掌握测量绝缘电阻的方法。

4. 掌握电控柜内电器仪表的检查方法。

5. 掌握过速模块参数的设定方法。

6. 掌握人机界面参数设定和修改的方法。

7. 掌握风机安全链系统的工作原理。

8. 掌握整机安全链系统故障的处理方法。

第一节　控制系统保养维修

一、断路器等电器辅助触点通断是否可靠

检查断路器等主要电器通断时，在通电情况下，可用万用表电压挡测电压，断电情况下用万用表电阻挡或通断挡测量。

首先，空开、接触器、中继、热继、熔断器等在通电时可以测其输入、输出端三相间或对地电压是否正常，也可测接触器线圈电压是否正常；在断电状态下，用通断挡测空开、接触器、热继、中继等主回路同极上下口接通，分断是否正常，

测接触器、中继线圈电阻是否短路或开路等。

触头接触不牢靠会使动静触头间接触电阻增大，导致接触面温度过高，使面接触变成点接触，甚至出现不导通现象。

故障的原因有：触头上有油污、花毛等异物；长期使用，触头表面氧化；电弧烧蚀造成缺陷、毛刺或形成金属屑颗粒等；运动部分有卡阻现象。

处理方法为：对于触头上的油污、花毛或异物，可以用棉布蘸酒精或汽油擦洗即可。如果是银或银基合金触头，其接触表面生成氧化层或在电弧作用下形成轻微烧伤及发黑时，一般不影响工作，可用酒精和汽油或四氯化碳溶液擦洗。即使触头表面被烧得凸凹不平，也只能用细锉清除四周溅珠或毛刺，切勿锉修过多，以免影响触头寿命。对于铜质触头，若烧伤程度较轻，只须用细锉把凸凹不平处修理平整即可，但不允许用细砂布打磨，以免石英砂粒留在触头间，而不能保持良好的接触。若烧伤严重，接触面低落，则必须更换新触头。运动部分有卡阻现象，可拆开检修。

二、用欧姆表测量绝缘电阻

（一）准备工作

兆欧表在工作时，自身产生高电压，而测量对象又是电气设备，所以必须正确使用，否则就会造成人身伤害或设备事故。使用前，首先要做好以下准备工作。

（1）测量前，必须将被测设备电源切断，并对地短路放电，决不允许设备带电进行测量，以保证人身和设备的安全。

（2）对可能感应出高压电的设备，必须消除这种可能性后，才能进行测量。

（3）被测物表面要清洁，减少接触电阻，确保测量结果的正确性。

（4）测量前，要检查兆欧表是否处于正常工作状态，主要检查其"0"和"∞"两点。即摇动手柄，使电机达到额定转速，兆欧表在短路时应指在"0"位置，开路时应指在"∞"位置。

（5）兆欧表使用时应放在平稳、牢固的地方，且远离大的外电流导体和外磁场。

（二）兆欧表接线

在测量时，还要注意兆欧表的正确接线，否则将引起不必要的误差甚至错误。兆欧表的接线柱共有三个：一个为"L"，即线端；一个"E"，即地端；还有一个"G"，即屏蔽端（也叫保护环）。一般被测绝缘电阻都接在"L""E"端之间，但当被测绝缘体表面漏电严重时，必须将被测物的屏蔽环或不须测量的部分与"G"端相连接。这样漏电流就经由屏蔽端"G"直接流回发电机的负端形成回路，而不在流过兆欧表的测量机构（动圈），就从根本上消除了表面漏电流的影响。特别应该注意的是，测量电缆线芯和外表之间的绝缘电阻时，一定要接好屏蔽端钮"G"，因为当空气湿度大或电缆绝缘表面又不干净时，其表面的漏电流将很大。为防止被测物因漏电而对其内部绝缘测量所造成的影响，一般在电缆外表加一个金属屏蔽环，与兆欧表的"G"端相连。

当用兆欧表摇测电器设备的绝缘电阻时，一定要注意"L"和"E"端不能接反。正确的接法是，"L"线端钮接被测设备导体，"E"地端钮接地的设备外壳，"G"屏蔽端接被测设备的绝缘部分。

如果将"L"和"E"接反了，流过绝缘体内及表面的漏电流经外壳汇集到地，由地经"L"流进测量线圈，使"G"失去屏蔽作用而给测量带来较大误差。另外，因为"E"端内部引线同外壳的绝缘程度比"L"端与外壳的绝缘程度要低，当兆欧表放在地上使用时，采用正确接线方式时，"E"端对仪表外壳和外壳对地的绝缘电阻，相当于短路，不会造成误差；而当"L"与"E"接反时，"E"对地的绝缘电阻同被测绝缘电阻并联，而使测量结果偏小，给测量带来较大误差。

由此可见，要想准确地测量出电气设备等的绝缘电阻，必须正确使用兆欧表；否则，将会失去测量的准确性和可靠性。

（三）兆欧表的使用方法及要求

（1）测量前，应将兆欧表保持水平位置，左手按住表身，右手摇动兆欧表摇柄，转速约 120 r/min，指针应指向无穷大（∞），否则说明兆欧表有故障。

（2）测量前，应切断被测电器及回路的电源，并对相关元件进行临时接地放电，以保证人身与兆欧表的安全和测量结果的准确性。

（3）测量时必须正确接线。兆欧表共有 3 个接线端（L、E、G）。测量回路对地电阻时，L 端与回路的裸露导体连接，E 端连接接地线或金属外壳；测量回路的绝缘电阻时，回路的首端与尾端分别与 L、E 连接；测量电缆的绝缘电阻时，为防止电缆表面泄漏电流对测量精度产生影响，应将电缆的屏蔽层接至 G 端。

（4）兆欧表接线柱引出的测量软线绝缘应良好，两根导线之间和导线与地之间应保持适当距离，以免影响测量精度。

（5）摇动兆欧表时，不能用手接触兆欧表的接线柱和被测回路，以防触电。

（6）摇动兆欧表后，各接线柱之间不能短接，以免损坏。

（7）摇动兆欧表后，时间不要久。

注意事项：

（1）执行机组安全操作要求。

（2）雷雨天气禁止进行测量。

（3）对已安装好的机组，必须在发电机锁定后方可进行测试，锁定操作应遵循相应的操作要求及规范。

（4）每次测试前和测试后（含重复测试前后）都必须对绕组进行充分放电（绕组对地短接）。放电时间不少于 2 min，以保证人身和仪器安全，提高测量准确度。

（5）测试时，人员不能直接接触放电导线及发电机。

以测量金风 2.0MW 发电机绝缘为例，其测量步骤如下。

（1）断开发电机侧断路器 2Q1。

（2）叶轮锁处于锁定状态，参考《金风 2.5 MW 风力发电机组叶轮锁定操作规范》相关内容。

（3）测量发电机单相对地和两绕组间的绝缘电阻。第一次调试启动前（不超过 6 h），测试发电机各绕组对地及两套绕组之间的绝缘电阻大于 5 MΩ。

①测试之前，必须断开保险 52F3.1、52F3.2、52F3.3、51F10。

②绕组对地电阻。测试每套绕组中任一相的一根电缆对地即可，无需测试每套绕组的每一相对地。

③绕组间绝缘。选取绕组 1 中一相的一根电缆与绕组 2 中任意一相的一根电缆，测试两者间的绝缘电阻。

④塔下绝缘电阻测试。测量时，发电机所有出线不能与地、定子支架等接触，必要时可加橡胶垫进行隔离。绕组端取各绕组中任意一根电缆，对地端可选取转动轴裸露的法兰孔内表面，注意不可测取金属油漆表面上。

⑤塔上绝缘电阻测试。为确保测试的是发电机自身的绝缘电阻，测试前应将发电机出线与所有关联器件断开，测试发电机出线侧的绝缘电阻。不同机型、同机型的不同配置，断开的器件不同，应由电控部门提供。

（4）测试完，对绕组放电。

（5）恢复盖板。

三、电控柜内的电器仪表故障的维修方法

（一）控制柜检查内容、质量要求及处理方法

控制柜的检查内容如下。

（1）检查各功能键，检查并测试系统的命令和功能是否正常。

（2）检查风力发电机组状态。

（3）检查各接线端子。

（4）检查各接触器及其热保护。

（5）检查各个接线端子。

（6）检查冷却风扇。

（7）检查紧急停机按钮。

（8）检查控制柜安装是否牢固。

质量要求及处理方法如下。

（1）功能键反应灵敏，监控系统的命令和功能正常。

（2）观察风力发电机组瞬时状态，观察数据传输通道的有关参数是否符合要求。

（3）检查控制柜内所有开关、继电器、熔断器、变压器、不间断电源、指示灯等部件是否完好，有无烧浊，发热痕迹。如发现有烧浊，发热痕迹，须查明原因，并及时处理，必要时更换此元器件。

（4）检查各端子排接线是否牢固，有无松动和老化。可用手微拉各接线，发现松动应对其进行紧固。若发现老化应对其进行更换。同时，观察是否有电灼烧痕迹，如有需要，应及时处理。

（5）检查所有插件接触是否良好。

（6）检查电缆有无损坏和破损。

（7）检查电气回路性能及绝缘情况。

（8）检查冷却风扇工作是否正常，将温度开关调至低于当前环境温度看冷却风扇是否正常。如不工作，检查此回路；如回路正常，检查温控开关好坏；如温控开关已坏，更换温控开关；如温控开关正常，更换冷却风扇；更换完毕后，调回设定值30°。

（9）检查紧急停机按钮是否动作可靠。按下紧急停机按钮，看安全链是否动作。如安全链不动作，检查此回路；如回路正常，检查紧急停机；如紧急停机按钮损坏，则更换紧急停机按钮。

（10）检查操作机构是否良好。

（11）检查控制柜密封、防水，以及防小动物等情况。

（12）检查通风散热系统是否正常。

（二）变频器

1. 使用注意事项

（1）将变频器与发电机定子、电网断开，并将发电机转子锁住。

（2）切断所有 I/O 端子的电压。

（3）等待至少 5 分钟，以确保电容器放电完毕。

（4）测量输入端子和中间电路端子的电压，确保没有出现危险电压。

2. 维护周期

周期维护工作 6~12 个月（根据环境情况），对散热器进行温度检查和清洁。

首次调试之后 6 个月，此后每 2 年检查接线端子排上的接线是否紧固。每年更换空气滤网，每 3 年连接和清洁功率电缆，每 6 年更换冷却风扇，每 6 年更换存储器后备电池。

3. 检查内容、质量要求及处理方法

（1）检查空气滤网。取下栅网顶部的固定器，将栅网往上提，并将其从门上取下，拆下螺丝并将空气滤网取下更换。

（2）检查变频器柜体。如有必要，使用软抹布或真空吸尘器进行清洁。

（3）检查快速连接器上的电缆是否紧固，清洁快速连接器所有接触表面，并涂上一层润滑油。

（4）可以从冷却风扇轴承产生的噪音以及散热器的温度，来推测风扇是否发生了故障。建议在出现噪音增大或温度升高时更换风扇。

（5）功率模块散热器上大量来自冷却空气的灰尘，如不及时清理，会导致模块过热，可用干净的压缩空气从底部往顶部吹。同时，使用真空吸尘器在出口处收集灰尘，注意不要让灰尘进入相邻设备。

（三）系统总的外观检查

进行软件检查并读取和存档软件文件，然后进行功率回路连接检查、硬件检查、元件检查、信号电路检查、接插件固定正确性检查、编织电缆安装检查、断路器保养、系统清洁、安全功能检查、系统优化，以及电路图的更改。

（四）变流元器件检查

（1）检查网侧滤波电容是否有鼓包、漏液情况，并用万用表测量其容值，发现损坏及时进行更换。

（2）检查通风滤网是否有杂物，并检查通风，检查温度调节器能否控制风扇工作。

（3）检查直流母排表面是否有腐蚀、烧灼和凝露现象。若有凝露，应使用热风枪进行烘干。

（4）检查机舱滤波器内电阻条是否损坏，若损坏应及时更换。

第二节　安全系统保养维修

一、过速模块参数设定方法

Overspeed 过速模块用于机组安全链的过速保护，安装在机舱柜内。其工作原理是通过接近开关检测轮毂连接处的螺栓，输出与转速相关的脉冲信号，接近开关将此脉冲信号送入过速模块计算转速，并将结果按照（0-10VDC）的模拟量电压值输出。过速模块能判断电机当前转速是否超过设定值，并将结果输出干节

图 9-1　过速模块线路板

点信号。继电器 1 对应 Pulse1，即当 Pulse1 过大时，继电器 1 动作，常开触点打开;继电器 2 对应 Pulse2。转速保护阈值是动态可调的,以适应不同转速保护设置。

过速模块的转速保护阈值可供用户自由设定，设定方式采用拨码开关，产品线路板上有一组拨码开关 S1、S2、S3、S4、S5、S6（见图 9–1，其中 S6 不使用），通过设置 5 个拨码开关的 ON（对应逻辑 1）和 OFF（对应逻辑 0）来设定保护转速值。

金风 2.5MW 机组不同叶轮直径额定转速与过速拨码的对应关系，见表 9–1。

表 9–1　额定转速与过速拨码的对应关系

机　型	额定转速	设置过速拨码 S1 S2 S3 S4 S5
叶轮直径 90 米	16 rpm	10101
叶轮直径 100 米、103 米、106 米	14.5 rpm	10000
叶轮直径 109 米、121 米	13.5 rpm	01100

二、确认和修改人机界面参数

以菲尼克斯面板为例说明（2.5MW，SWITCH 机型），下载工具及软件配置，见表 9–2。

表 9–2　下载工具及软件配置

序　号	下载工具及软件配置
1	TSwin.net 4.30（EN）版软件
2	面板程序
3	标准以太网连接线
4	笔记本电脑一台
5	CERHOST.exe 软件

（一）面板程序下载的条件

系统组态程序和主控程序已经完成下载。CX1020 系统完全按照调试手册进行设置。

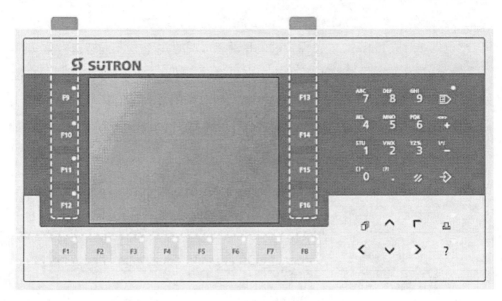

图 9-2　面板按键说明

（二）面板按键说明

面板按键说明，见图 9-2。

确认键：⇨ 编辑修改参数时，确认。

编辑键：⇨ 需要修改参数时，交替使用，编辑/不编辑。

删除键：∥ 编辑修改参数时使用。

上键：∧ 上翻页或在编辑时，向上移动光标。

下键：∨ 下翻页或在编辑时，向下移动光标。

左键：< 在编辑时向左移动光标，或在报警画面，上翻浏览报警数据。

右键：> 在编辑时向右移动光标，或在报警画面，下翻浏览报警数据。

+ 键：+ 在编辑时，对光标所在位置的状态控制点进行 ON/OFF 的切换。

– 键：- 在编辑时，对光标所在位置的状态控制点进行 ON/OFF 的切换，或在编辑时输入负值。

F1 到 F16 键是自定义功能键，上键和下键在本系统中定义为：F12 键相当于电脑上的 Shift 键。如果要输入字母或符号时，按住 F12 键后，再按数字键才能输入需要输入的字母或符号。此操作和手机的键盘输入有点像。

图 9-3　面板启动画面

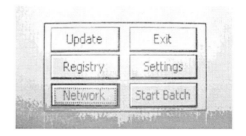

图 9-4　选择 Network

（三）面板 IP 地址和 Subnet 设置

面板断电上电后进入图 9-3 画面。点击 确认键，进入图 9-4 画面。

使用上下键选择"Network"点击 确定，进入图 9-5 画面。选择"Fix Settings"点击 确定，进入图 9-6 画面。选择"IP Address"击次击 确定，进入图 9-7 画面。输入密码"+ － + －"后选择"OK"点击 确定，进入图 9-8 画面。

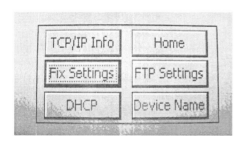

图 9-5　选择 Fix Settings

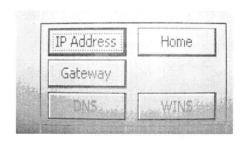

图 9-6　选择 IP Address

图 9-7　输入密码

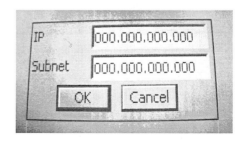

图 9-8　IP 和 Subnet 页面

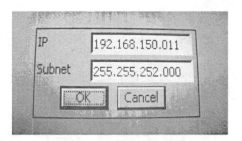

图 9-9　IP 和 Subnet 设置

图 9-10　选择 "OK" 后画面

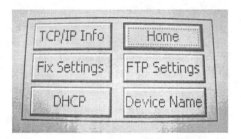

图 9-11　选择 "Home" 后画面

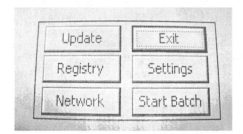

图 9-12　选择 "Home" 后画面

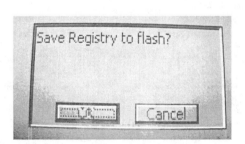

图 9-13　选择 "Exit" 后画面

　　设置 IP 和 Subnet。例如，CX1020 的 IP 为 192.168.151.11，则此处 IP 设置为：192.168.150.011；Subnet 设置为 255.255.252.000，见图 9-9 所示。

　　设置好 IP 和 Subnet 设置后，选择 "OK"，点击 ⇨ 确定，进入图 9-10 画面。

　　选择 "Home"，点击 ⇨ 确定，进入图 9-11 画面。选择 "Home"，点击 ⇨ 确定，进入图 9-12 画面。选择 "Exit"，点击 ⇨ 确定，进入图 9-13 画面。选择 "OK"，面板重新启动，面板 IP 和 Subnet 设置完成。

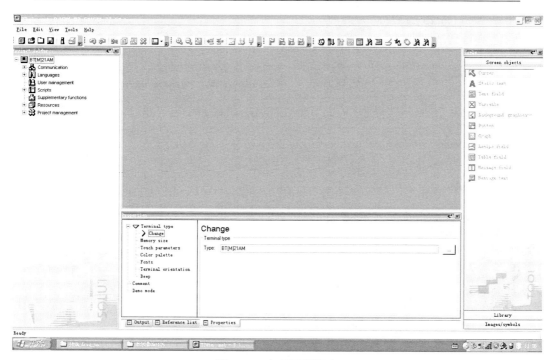

图 9–14 打开面板程序

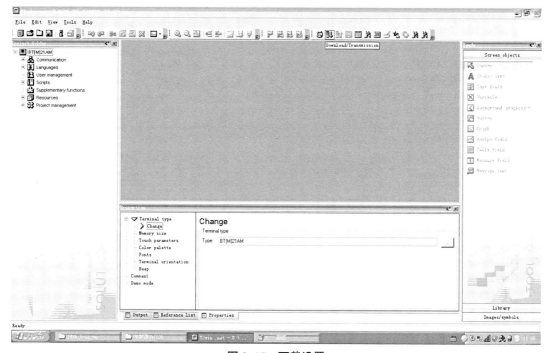

图 9–15 下载设置

（四）面板程序下载步骤

打开面板程序文件夹，双击 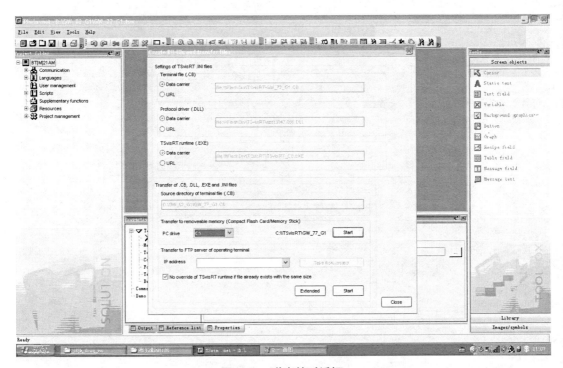，激活 TSwin.net 4.30（EN）环境，打开面板程序，见图9–14（这里需要强调，储存面板程序的文件夹名称和存储路径不能带有汉字，如 D：\程序091219\GW_82_G1 路径当中含有汉字"程序"二字，下载程序将会失败）。

在工具栏上，点击 （Download/Transmission）图标，进行下载设置，见图9–15。点击 后，会弹出对话框，见图9–16（不能点击编译，即不能点击此 ）。点击"Start"按键，见图9–17，弹出图9–18对话框，点击"是"后，弹出图9–19对话框，再点击"确认"。

操作完后，就会在笔记本的C盘目录下生成一个名为"TSvisRT"的文件夹，见图9–20。文件夹下有4个文件，见图9–21。在下载程序的过程中，会调用这些文件。

图9–16　弹出的对话框

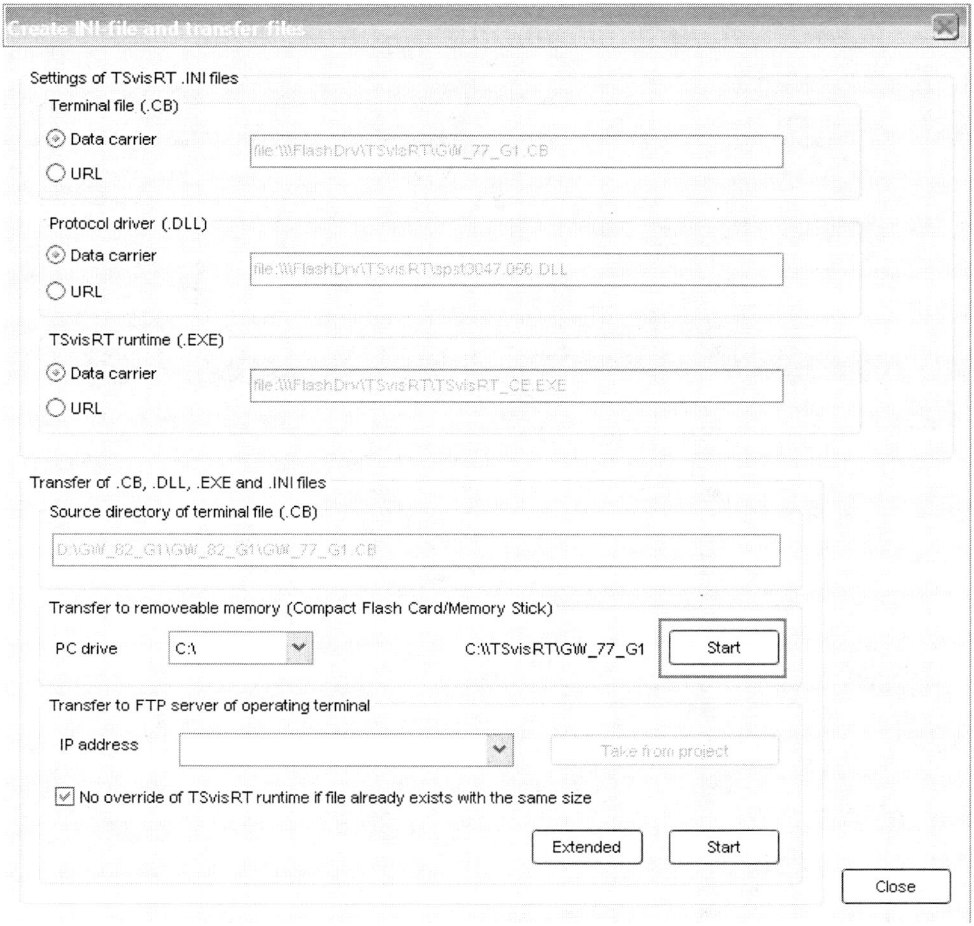

Create INI file and transfer files

Settings of TSvisRT .INI files

Terminal file (.CB)

◉ Data carrier

○ URL

file:\\\FlashDrv\TSvisRT\GW_77_G1.CB

Protocol driver (.DLL)

◉ Data carrier

○ URL

file:\\\FlashDrv\TSvisRT\spst3047.056.DLL

TSvisRT runtime (.EXE)

◉ Data carrier

○ URL

file:\\\FlashDrv\TSvisRT\TSvisRT_CE.EXE

Transfer of .CB, .DLL, .EXE and .INI files

Source directory of terminal file (.CB)

D:\GW_82_G1\GW_82_G1\GW_77_G1.CB

Transfer to removeable memory (Compact Flash Card/Memory Stick)

PC drive   C:\   C:\TSvisRT\GW_77_G1   Start

Transfer to FTP server of operating terminal

IP address   Take from project

☑ No override of TSvisRT runtime if file already exists with the same size

Extended   Start

Close

图 9-17　点击 "Start" 按键

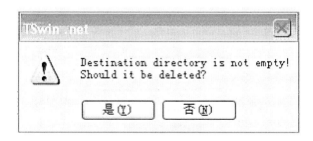

图 9-18　对话框

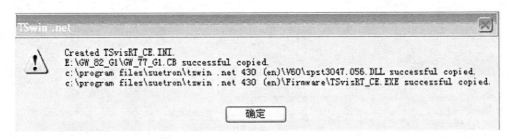

图 9–19　对话框

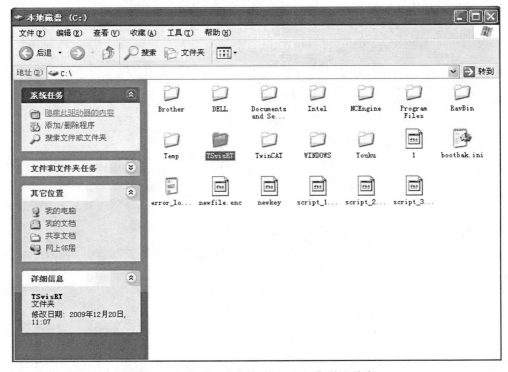

图 9–20　生成一个名为"TSvisRT"的文件夹

　　将笔记本电脑的 IP 地址修改为：192 .168.149.211，或将 192 .168.149.212 子网掩码修改为：255.255.252.0，见图 9–22，并将笔记本和面板的网口用网线连接。

　　将 IP 地址修改为：192.168.150.X。其中，X 必须与 CX1020 的 IP 地址相对应，如 CX1020 的 IP 地址为：192.168.151.8，则 IP 地址应修改为 192.168.150.8。将"No override of TSvisRT runtime if file already exists with the same size"前的钩点去掉，见图 9–23。

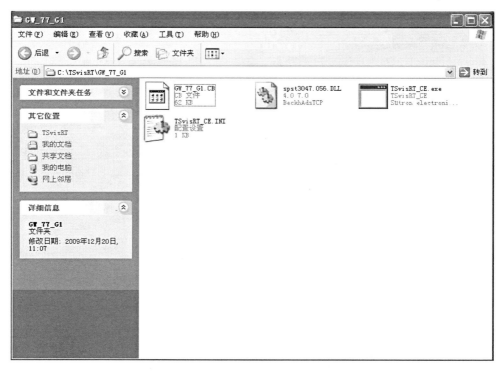

图 9–21 "TSvisRT"的文件夹下的 4 个文件

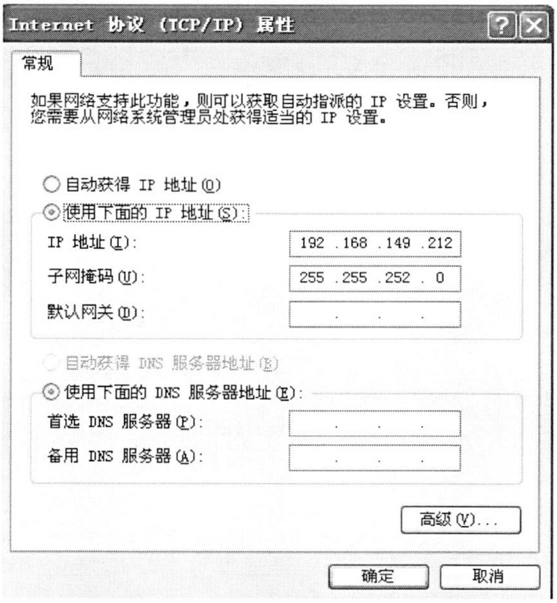

图 9–22 笔记本 IP 设置

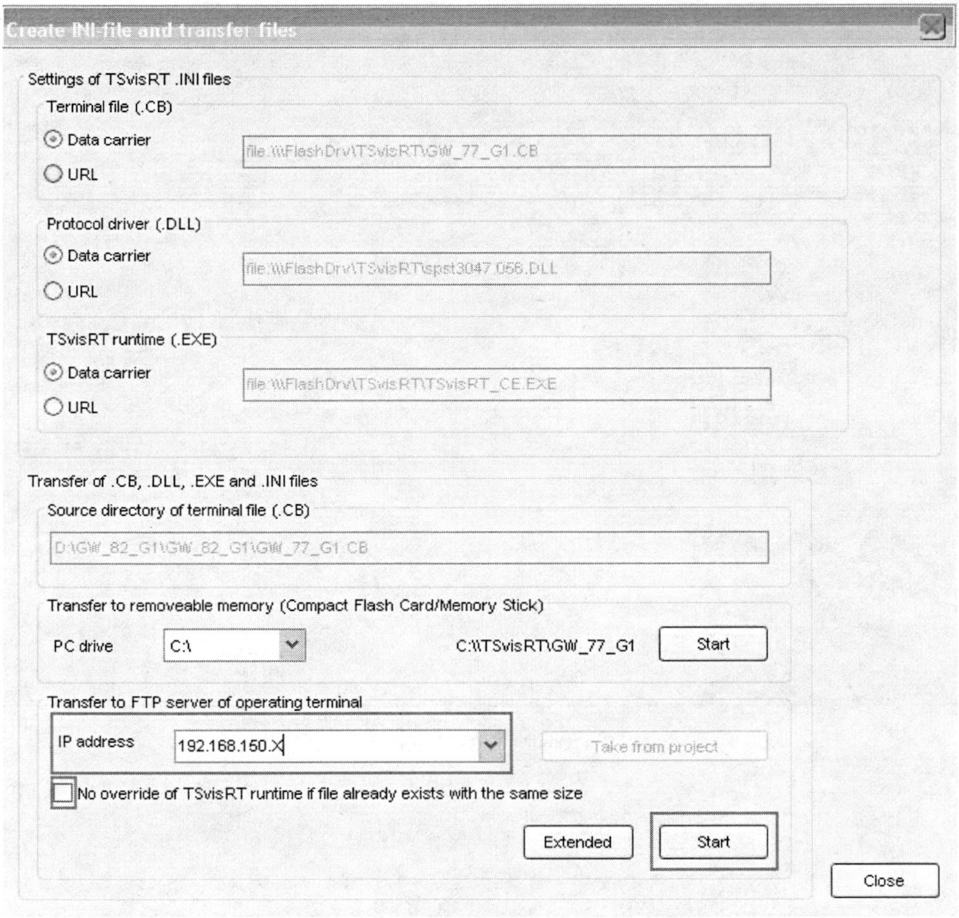

图 9-23　参数设置

点击"Start"按键，用 Ftp 方式程序就开始下载。下载完成后，会弹出如图 9-24 的页面，说明程序已经下载完成。点击"OK"就完成了程序下载。如果出现不能传输文件的情况，说明网线有问题，或 IP 地址输入不对。

程序下载完成后，显示屏就开始自检，会出现初始画面，后出现主要数据画面，见图 9-25。

此时面板上的数据由于没有关联上，所以数据都是错误的，见图 9-26。

Connect to the FTP server [192.168.150.11] as user anonymous. Please wait.

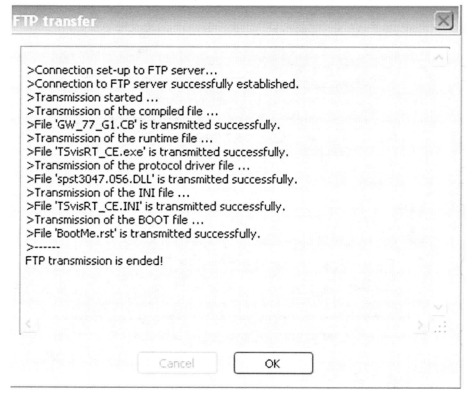

图 9-24　参数设置

图 9-25　初始画面

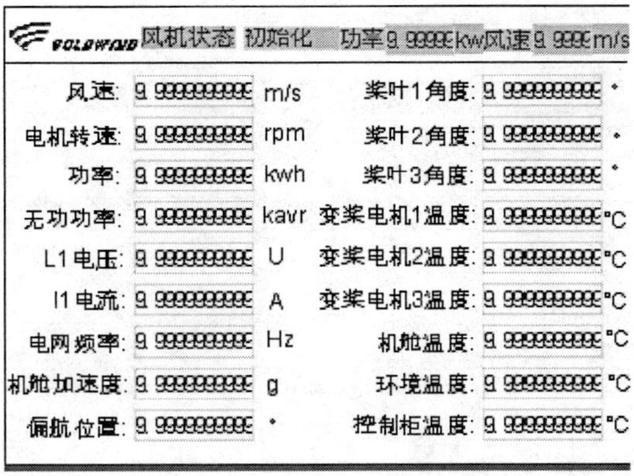

图 9-26　数据没有关联的状态

注意事项

如果显示屏上提示有 Runtime 的错误提示，说明下载程序的方法或程序本身有问题。如果笔记本电脑是第一次下载程序，必须操作第 4 步，否则可以忽略第 4 步。

如果 CX1020 和显示屏的网线没有插好或没有配置好，显示屏就会出现通信错误，会循环出现初始化和通信错误。还有一种情况，如果 CX1020 和显示屏同时上电，CX1020 启动比较慢时，也会出现上述情况。

（五）软件配置

1. 显示屏的配置

显示屏上电后，自检完成时，按住确认键 ，时间大约 1 多秒后，释放就会进入，如图 9-27。进行 IP、AMS bNET 和 AMS Pan 设置，先要按编辑键 ，输入密码：1234。

然后，对 Ams Net Id from assigned PLC、IP-Adress from assigned PLC 和 AMS Panel 进行设置，每输入完一个必须按确认键 。设置完成后，重新上电，见图 9-28。

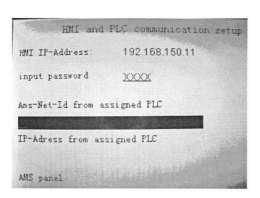

图 9-27 输入密码

图 9-28 IP 参数设置

注意事项：

Ams Net Id from assigned PLC 为 CX1020 对应的 Ams Net Id；IP-Adress from assigned PLC 为 CX1020 对应的 Id 地址；AMS Panel 为面板对应的 Ams Net Id。

图 9-28 所示是 IP 地址为 192.168.151.11 的 CX1020 PLC 对应面板的修改方法。

2. CX1020 的配置

图 9-29 进入 CE 系统中

以 IP 为 192.168.151.11 的 CX1020PLC 为例，进行 CX1020 的配置。使用 CERHOST.exe 连接到 CX1020 的 CE 系统中，见图 9-29。在 CE 系统中，打在 Hard disk\system，见图 9-30。在 CE 系统中，打开 system 文件夹双击"TcAmsRemotMgr"，见图 9-31。双击"TcAmsRemotMgr"后会弹出对话框，见图 9-32。点击"Add"，添加 1 个显示屏的 AMS-NetID。命名为 BT21AM,Ip 和 AMS-NetID 设为显示屏的 IP 和 AMS-NetID，见图 9-33。点击"OK"后，名称为 BT21AM 的 AMS-NetID 添加成功，点击"OK"完成设置，见图 9-34。

需要注意的是,BT21AM 是面板的名称,来源于面板后面的标签,见图 9-35。

图 9-30　打开 Hard disk\system

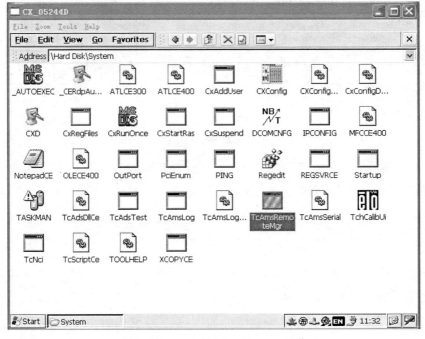

图 9-31　打开 "TcAmsRemotMgr"

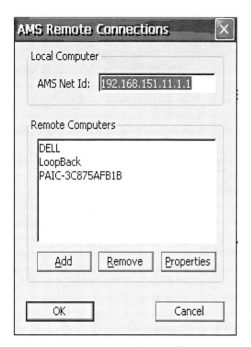

图 9-32　弹出对话框

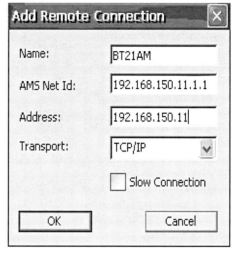

图 9-33　添加 1 个显示屏的 AMS–NetID

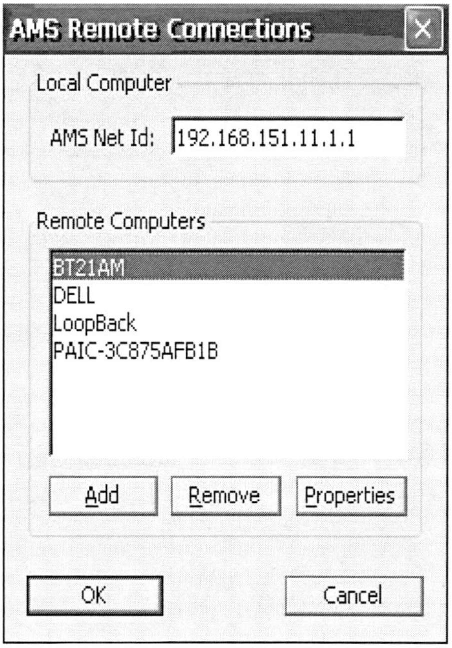

图 9-34　点击 OK 完成添加

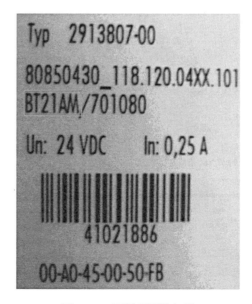

图 9-35　面板后面的标签

图 9-36　执行重新启动

最后执行 start–>suspend 命令，见图 9-36，这个操作会导致 CX1020 重新启动。待 CX1020 重新启动后，将面板重启。至此，完成所有面板机的设置。

三、风机安全链系统工作原理

安全链是独立于机组 PLC 控制系统的硬件保护措施，采用反逻辑设计，将可能对风力机组造成严重损害的故障节点串联成一个回路：紧急停机按钮（塔底主控制柜）、发电机过速模块的 1 和 2 扭缆开关、来自变桨系统安全链的信号、紧急停机按钮（机舱控制柜）、振动开关、到变桨系统的安全链信号、PLC 急停信号。一旦其中一个节点动作，将引起整条回路断电，机组进入紧急停机过程，并使主控系统和变流系统处于闭锁状态。如果故障节点得不到恢复，那么整个机组的正常运行操作都不能实现。同时，安全链也是整个机组的最后一道保护，它处于机组的软件保护之后。安全系统由符合国际安全标准的安全继电器和硬件开关节点组成，它的实施应用使机组更加安全可靠。

四、整机安全链系统故障排查处理

（一）变桨安全链故障（error_safety_system_safety_system_ok_from_pitch）

变桨安全链故障产生的原因有：接线以及滑环哈丁头有松动；继电器 115K7 损坏；变桨柜内部故障；3 号变桨柜 X10a 哈丁头内部没有安全链短接线。检查步骤如下。

（1）检查端子排 X115.1、120DI2（KL1104）的 5 号端子的接线，以及滑环哈丁头有没有松动。

（2）检查继电器 115K7 指示灯是否发亮。如果发亮，应检查 120DI2（KL1104）的 5 号端子是否有 24VDC 电并且对应的指示灯也发亮。如果 120DI2（KL1104）的 5 号端子没有 24VDC 电，说明继电器 115K7 损坏。

（3）继电器 115K7 指示灯不发亮，并且 120DI2（KL1104）的 5 号端子是否有 24VDC，应测量端子排 X115.1 端子 3 和 4 的电压。如果两个端子上都是 0VDC，说明继电器 115K7 损坏；如果 3 号端子有 24VDC 电压，则说明变桨柜内部 K4 继电器断开或者滑环线路断开。

（二）变桨外部安全链故障（error_safety_system_safety_system_ok_to_pitch）—1.5 主控

变桨外部安全链故障产生的原因有：安全链回路接线松动或者错误；安全继电器损坏；滑环损坏。检查步骤如下。

（1）确认安全继电器 122K4 的电源指示灯正常。如果安全继电器电源指示灯不亮，而端子 A1 和 A2 有 24VDC 电压，则应更换安全继电器。

（2）检查安全链回路的接线，对照图纸，一次检查安全链回路的各个触点是否闭合，包括 PLC 急停，扭缆开关，过速 1，过速 2，急停按钮，震动开关和来自变桨的安全链。

（3）如果以上检查都正常，但是在运行的时候，还是报这个故障，就需要更换滑环。

（三）变桨安全链故障（error_pitchL_safety_chain_ok）—1.5 Lust 变桨

变桨安全链故障产生的原因有：主开关跳闸；CX9000 出现异常；pitchmaster 内部出现异常；1K1 继电器损坏。检查步骤如下。

（1）观察 F 文件，如果单个柜体报安全链故障，则需要检查相应柜体 1K1 继电器是否损坏。

（2）假如 3 个柜体都报安全链故障，则需要检查滑环到柜体的安全链接线。

（3）如果外部安全链接线正常，则需要检查 1 号柜的 CX9000 和 8K9 继电器是否正常。

（4）如果以上都没有问题，需要检查每个柜子的变频器上的 OSD04 接线。如果没有问题，就需要使用串口线连接 pitchmaster 来读取内部故障信息，以判断是哪个柜子的变频器出现了问题。

 思考题：

1. 不同机型过速模块参数设定方法是否相同？如果存在不同的话，有什么区别？如何设置过速模块参数？

2. 针对不同的机型，在设定人机界面参数时，需要注意哪些问题？

3. 请画出机组安全链电气原理拓扑图。